科普中国书系·前沿科技

演化的力量

戎嘉余　周忠和◎主编

科学普及出版社
·北　京·

目 录
CONTENTS

演化的认识

演化的畅想

跟着小演去探索

探索生命演化的奥秘

著名演化生物学家杜布赞斯基（T. Dobzhansky）的一句名言"如果没有了演化论，生物学的一切都将变得无法理解"流传至今，不仅依然睿智，而且彰显远见。例如，获得 2018 年诺贝尔化学奖的就是一项基于对生命演化规律认识的研究。

我们是谁？我们从哪里来？我们向何处去？对这些充满哲理问题的解答，离不开对生命演化的认识，因为生命的演化不仅造就了地球上的生物多样性，也造就了我们人类——地球生命约 38 亿年演化历史的一部分。生命的演化在造就我们身体的同时，还奠定了人类行为与意识的物质基础。

达尔文创立的演化论是一门科学，但它的影响已经远远超越了科学界。它不仅对人类的思想、政治、社会、文化、哲学、心理学、宗

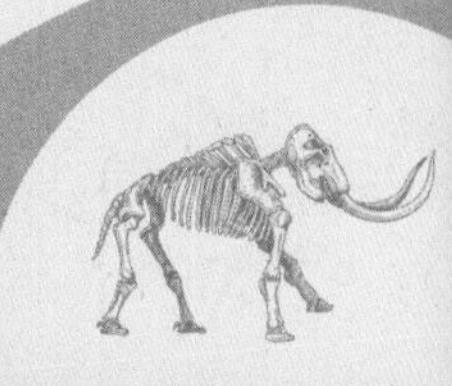

教、艺术、美学、道德、语言学、伦理学等人文、社会科学诸多领域的发展产生了广泛而深远的影响，而且对我们认识人类社会、人文与文化发展的未来，具有重要的启示。

生命的演化与地球的演化密不可分。因此，地球生命的演化还是宇宙演化的一部分。生命演化的本质是生命与环境的互动，生命的演化不仅推动了生物多样性的演变，而且还极大地改造了地球的环境。越来越多的研究表明，生命的演化过程并不仅仅是对地球环境的适应或响应，生物在某种程度上也改变了环境，环境的变化是生命演化的有机组成部分之一。

达尔文演化理论的诞生与发展离不开地质学、古生物学的发展与贡献。从大陆漂移到板块构造理论，从生物地层学到年代地层学，地质学家、古生物学家搭建了生物演化的时间与空间框架。未来生命演化理论的发展也离不开地质学家与古生物学家的贡献。

演化的内涵是如此的丰富，以至于想要在一本书中囊括一部分内容都是难以完成的使命。本书是从古生物学家的视角讲述的关于“演化的力量”的故事，基本构架（提纲）由我们拟定，特邀专业研究人员集体讨论，由专家撰写。除了对达尔文演化理论的基本介绍以及对人类未来的畅想，本书还着眼于史前化石的证据，为读者提供了大量关于“演化的力量”的案例。不得不说，这些案例充其量仍不过是地球生命演化过程中的一鳞半爪。当你对地球生命与环境演化的历史了解得越多，你就会愈发感受到演化力量之伟大。

达尔文演化理论被引入中国的过程本身就很发人深省，正如美国芝加哥大学著名演化生物学家龙漫远教授所说：“原本是一种科学理论的演化论，从 19 世纪末 20 世纪初开始化身为中国人救亡图存的指导思想和政治口号。”又如中国科学院动物研究所演化生物学家张德兴研究员所说：“从严复先生开始的对达尔文进化论的通俗性传播，一方面使得中国成为世界上对进化论接受程度最高的国家之一，另一方面也使很多国人对进化论一知半解、不求甚解，甚至道听途说、以讹传讹，

鲜有继承和发展。对‘物竞天择，适者生存’，现代中国社会，却把这一概念滥用到了极致，以至于达到了一切在于竞争，唯有最强者才能拥有一切，并且不惜为了一己之利而不择手段的地步。”

“生物进化是由简单到复杂，由低级到高级的发展过程”（摘自新华字典 1999 年版），“弱肉强食”“人类处于食物链的顶端”等，类似这样描绘演化论的错误表述至今仍不时见诸一些正式的出版物。殊不知，生物之间，除了竞争，还有更多的共生、共栖、寄生、协同等关系，甚至利他行为在动物界也不少见。生物演化没有预见性与目的性，因为自然选择只着眼于当地、当前。演化从某种意义上说是一个机会主义的过程，并没有所谓变得越来越进步的趋势，因为基于选择的演化，乃是随机性与规则性的结合，还有“天时地利人和”的运气的成分在里面。达尔文早就说过：“说一种动物比另外一种动物高级其实是很荒谬的。”所以，“适者生存”并不是达尔文的原意，更不是演化论的根本所在。生物学意义上的“适应”与我们日常生活中理解的主动的“适应”并非一回事。严格来说，“适应”是一个被动的过程。所谓的“适应”都是相对的，今天适应了，或许明天就难以适应了；此处适应了，也许到了别处就不适应了。因此，是自然选择，或者说是演化的力量，创造了无数的、各种各样的“适者”，这也是生物多样性的本质。

生命演化的力量彰显在地球生物亿万年历史长河的一个个瞬间——从重大生物类群的起源到各类生物器官的创造，不仅见证了生

命的一个个“辉煌”（生物大辐射），也经历了各种环境变化对生命的不断“洗礼”（生物大灭绝）。在地球这一舞台上，芸芸众生或争斗不休，或合作前行。它们既有坚守，也有退让，伴随着地球环境变化的反复无常，一起谱写了灿烂的生命之歌。

过去是理解现代与未来的一把钥匙。对地质历史时期生物与环境关系的正确认识，能够为我们应对当今全球变暖等环境危机对生物多样性的影响，提供历史的借鉴和启示。现代科学技术的飞速发展为人类带来福祉的同时，也带来了新的挑战、思考和伦理的拷问。人类究竟向何处去？尽管充满了不确定性，但人类的未来仍需要我们自己去思考、去畅想。这或许就是本书希望传递给读者的最重要的信息。

中国科学院院士 戎嘉余 周忠和

我们到底是谁？我们从哪里来？我们周围的花草树木、虫鱼鸟兽，又是从哪里来的？和我们有着怎样的关系？这些问题曾困惑着生活在地球上每个角落的世世代代的人们，也曾有各种版本的解答广为流传。在我国民间神话中，有关于盘古开天辟地、身体各部化为万物的记载，也有关于女娲仿照自己捏黄泥成人的传说。在西方，基督教《圣经》中描述，一位神力无边的上帝在六天的时间里创造了世界。

长久以来，世界各地的人们对先辈流传下来的创世故事，常常深信不疑，没有多少人会去对这些故事的真与假较真。然而，在 160 多年前，随着一本名叫《物种起源》的著作在英国问世，人们很快开始相信：所有现在的生物（包括我们人类）都是由一个共同祖先慢慢变化而来的，万物皆亲戚！

这个全新的观念就是演化，它自此不断颠覆着人类各方面的传统认知，直至今日。

这本巨著的作者是一位名叫查尔斯·罗伯特·达尔文（Charles Robert Darwin）的英国人。下面要讲的，就是这位英国人如何发现演化的故事，以及这个伟大思想对人类的非凡意义。

查尔斯·罗伯特·达尔文
图片来源：https://upload.wikimedia.org/wikipedia/commons/8/8a/Portrait_of_Charles_Darwin._Wellcome_M0010103.jpg

演化的发现

在达尔文之前

王光旭 / 文

在达尔文所处的西方世界，人们长期以来相信《圣经》中所描述的上帝创世故事。

一位名叫威廉·佩利（William Paley）的牧师曾有一个非常有名的关于上帝设计的推理，让人无可辩驳。他说，当你穿过荒野，发现地上一块石头，你会觉得很自然，但若是踢到一块钟表，你肯定会相信是某个巧匠造出来的。以此推理，比钟表结构更为复杂精妙的生物结构（比如鸟的羽毛、人的眼睛），无疑是造物主的杰作！

不过，到了18世纪晚些时候，情况有了变化。一些博物学家本想通过研究周围的世界来了解上帝创世时的智慧，但他们所发现的一些科学事实却与上帝创世的说法明显冲突。

创世故事说，世界是在6000多年前由上帝创造的。可是，大量的事实表明地球的历史非常漫长，远不止几千年！其中，英国地质学家詹姆斯·赫顿（James Hutton）所给出的论证令人信服。他说，岩石经过风吹雨淋变成沙砾，沙砾经河流汇入大海沉积，此后又经过压实、固结而再次变成岩石，经过海底抬升，再次暴露到地表，循环往复。他也

詹姆斯·赫顿

图片来源：https://upload.wikimedia.org/wikipedia/commons/0/0e/Hutton_James_portrait_Raeburn.jpg

因此感叹道："地球的历史既看不到开始，也看不到结束！"

创世故事还说，上帝创世后，世界的模样再也没变过——仁慈的上帝怎会允许自己亲手创造的东西消失呢？可是，不少学者发现，众多化石类型的生物现在在地球上再也见不到了，也就是说，它们灭绝了。很自然，这种说法一开始人们不太愿意相信，因为当时对很多地区的生物还没有调查清楚，在这种情况下，他们会反驳说，那些所谓的现在看不到的生物，说不定最终会在某个地方被找到。不过，自 1800 年开始，通过对大型陆地生物化石与其现生类型的比较，年轻的法国博物学家乔治·居维叶（Georges Cuvier）巧妙地证实了灭绝的真实性，让怀疑者无话可说。不仅如此，他还几乎凭一己之力，让人相信灭绝事件在地球历史上曾频繁发生！

对于这些冲突，虔诚的基督信徒并不觉得是什么威胁。地球很古老吗？没关系，上帝创世所用的"天"岂能用字面意思去理解，它可以指数千年甚至更长的时间呀！灾难性事件在过去曾多次发生吗？也不要紧，上帝在每次灾难事件后，可以多次连续地创造啊！

不过，在一些严肃的博物学家眼里，这些科学事实意义重大！他们开始摒弃上帝创世的观念，试图通过自己的观察与思考寻求更为合理的解释。这其中包

让 – 巴蒂斯特 · 拉马克

图片来源：https://commons.wikimedia.org/wiki/File:PSM_V24_D010_Jean_Baptiste_Lamarck.jpg

乔治 · 居维叶

图片来源：https://upload.wikimedia.org/wikipedia/commons/8/88/Georges-L%C3%A9opold-Chr%C3%A9tien-Fr%C3%A9d%C3%A9ric-Dagobert%2C_Baron_Cuvier._Li_Wellcome_V0001414.jpg

括了达尔文的祖父伊拉斯谟斯·达尔文（Erasmus Darwin）和法国的博物学家让-巴蒂斯特·拉马克（Jean-Baptiste Lamarck），两人都曾大胆提出：生命在演化！没错，他们已经发现了演化，但遗憾的是，由于神创论的观念在当时根深蒂固，而他们的演化理论又夹杂着太多的推测与想象，所以根本没多少人去理会。

达尔文与演化理论的诞生

王光旭 / 文

1809年2月12日，达尔文诞生了。他曾说自己是个天生的博物学家。童年时代，他厌倦学校的必修课程，而对课外的很多东西充满兴趣，比如收集各种小玩意儿、偷鸟蛋、钓鱼等，也曾因此遭到父亲的严厉斥责。此后，无论是在爱丁堡大学的2年，还是在剑桥大学的3年，他一直保持着对自然界的这份兴趣，并且有增无减。不过，在剑桥的时光里，为了应付考试，他也不得不熟读了一些神学书籍，其中就包括牧师佩利的著作，并对这位牧师关于上帝设计的论证深信不疑。

英国“小猎犬号”海军考察船
图片来源：https://upload.wikimedia.org/wikipedia/commons/c/c8/HMS_Beagle_in_Straits_of_Magellan.jpg

1831年，22岁的达尔文从剑桥毕业。不久，

他收到了一位剑桥大学老师的来信。信上说，一艘名为“小猎犬号”的英国海军考察船要进行为期5年的环球航行，船长想邀请一位博物学家陪伴，问他是否有兴趣。达尔文一心向往旅行，当即接受了邀请，却遭到父亲的坚决反对，因为父亲觉得船上条件艰苦，时间又这么久，担心达尔文吃不消，甚至遭遇不测。不过，在舅舅的劝说下，父亲最终还是同意了。

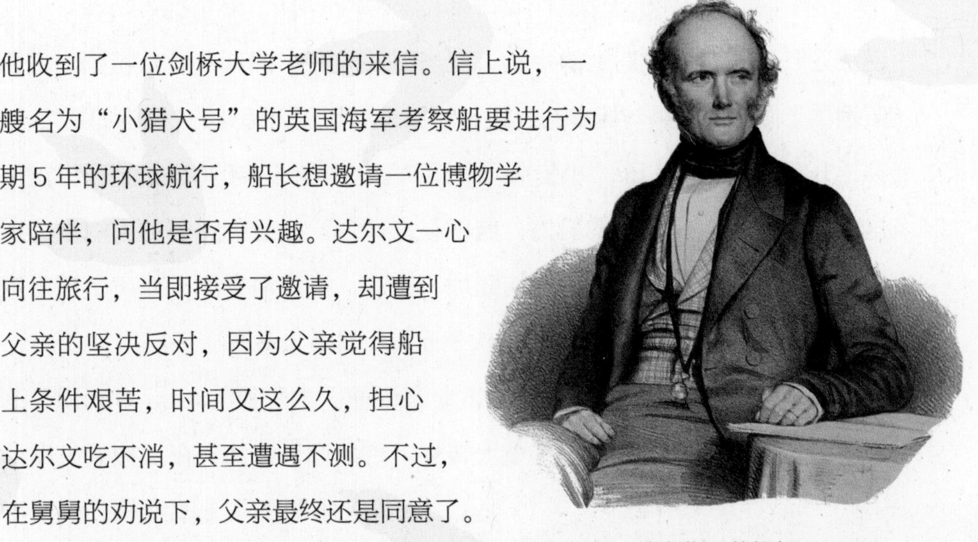

查尔斯·莱伊尔
图片来源：https://upload.wikimedia.org/wikipedia/commons/d/de/Sir_Charles_Lyell._Lithograph_ by_ T._H._Maguire%2C_1849._Wellcome_V0003723.jpg

1831年12月7日，“小猎犬号”起航了。船不大，长度只有27米，却要容纳74个人，因此显得十分拥挤。风平浪静时还好，一旦老天爷变脸，考察船便颠簸不堪，晕船的老毛病使达尔文经常吐得不行。海上生活艰难而乏味，哪里还有惬意可言？无聊时，他会经常翻看《地质学原理》。这本书的作者查尔斯·莱伊尔（Charles Lyell）是一位英国律师，更是著名的地质学家，书中描述了各种地质现象，如火山、地震、河流、潮汐等，并展示了它们是如何持续而缓慢地塑造地球的。

登陆考察是最令达尔文感到快乐的事情了。每次登陆，无论是岩石还是动植物，他都对其认真观察、记录，并采集标本。不过，他更感兴趣的还是地质现象，在考察期间，莱伊尔所描述的大自然的神奇力量，他几乎都一一见证了。其中，在南美洲所亲历的火山喷发与地震更令他终生难忘。

1835年9月16日，“小猎犬号”停靠在东太平洋加拉帕戈斯群岛。群岛距离南美洲大陆900多千米，由13个大小不一的岛屿组成，每个岛屿都是由地下喷出的新鲜岩浆固结而成的。登岛后的达尔文兴奋不已，他终于可以好好见识一下活火山，也可以趁此机会验证莱伊尔关于新陆地形成的说法了！不过，对于岛上的生物，他当时并没有意识到有什么特别，只是照例做了简单的记录与标本的收集，将标本运到国内相关的专家手里。

1836年10月7日，“小猎犬号”返航了。将近5年的时光终于过去了！这么长时间，待在狭小的船内，航行在广阔无际、变化无穷的大海上，在暴晒下、风雨中不断考察相遇的陆地和小岛，执着地专注于地质学和生物学，这对于一位20岁刚出头的小伙子而言，真是太不容易了！

1837年3月的一天，在与鸟类专家约翰·古尔德（John Gould）的会面后，达尔文的思想发生了重大转变。古尔德告诉他，在加拉帕戈斯群岛上，不同岛屿上的嘲鸫，属于不同的鸟类物种。这个结果完全出乎达尔文的意料，在自然环境如此相似的岛屿上，鸟类的差别怎么会如此之大？

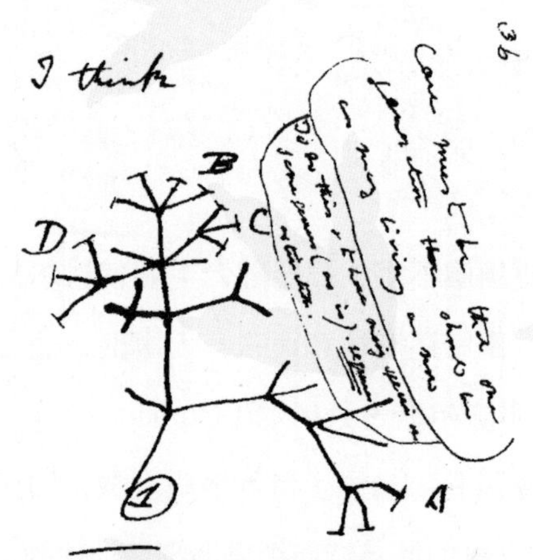

达尔文在他的笔记本B第36页上所画的演化树

图片来源：https://commons.wikimedia.org/wiki/File:Darwin_tree.png

不过，达尔文很快就明白了：一定是南美大陆上某种原始的芬雀，在移居到刚形成的各个岛屿后，适应了各自的新生活而变成了不同的物种。也就是说，物种是会变化的，新物种是由老物种演化来的，很显然不是上帝一个个独立地创造出来的！

这个时候，达尔文已经不再怀疑演化的发生了，但他还没弄明白的是，演化背后的驱动力量究竟是什么。

从 1837 年 7 月开始，除了广泛阅读，达尔文还请教了动物饲养员、花匠，希望了解新的物种是如何形成的。很快他就意识到，人类能够成功培育出动植物新品种靠的是人工选择，但是，在自然条件下选择是如何在新物种形成中发挥作用的，仍令他迷惑不解。

1838 年 10 月，达尔文在一本名叫《人口论》的书中找到了问题的答案。这本书由英国乡村牧师与经济学家托马斯·罗伯特·马尔萨斯（Thomas Robert Malthus）所写，书里说，人类的人口数量之所以没有呈现爆发式增长，是因为受到了瘟疫、饥荒等力量的控制。

达尔文恍然大悟：依据他的长期观察，每一种动物或植物不都在时时刻刻为了生存下去而奋力打拼吗？而那些能够适应复杂多变的环境、能够在激烈的竞争中胜出的个体，必将会继续繁衍壮大，若假以时日，其结果不就是新物种的形成吗？

1842 年，达尔文把自己的这个认识（也就是后来的自然选择理论）总结为一个 35 页长的概要，1844 年又将之扩展为 255 页，但他觉得还是不够完美，所以丝毫没有要发表的意思。

1858 年 6 月 18 日，从遥远的东南亚寄来的一篇文稿，才促使达尔文决定尽快发表他的上述理论。来信者是一位名叫阿尔弗雷德·拉塞尔·华莱士（Alfred Russel Wallace）的英国人，此时他正在马来群岛考察。读过文稿后，达尔文大为吃惊，华莱士竟然独立地提出了和他一模一样的演化理论！当然，华莱士发现这一演化理论的时间比达尔文要晚得多，据他回忆，这个理论是他在 1858 年考察期间，在病床上突然想到

阿尔弗雷德·拉塞尔·华莱士
图片来源：https://upload.wikimedia.org/wikipedia/commons/3/3f/Alfred_Russel_Wallace_Maull%26Fox_BNF_Gallica.jpg

并很快写成的。

1858 年 7 月 1 日，在朋友莱伊尔的建议下，达尔文和华莱士的论文在林奈学会上共同宣读，两人共享了这一荣誉。此后，在朋友的继续支持与鼓励下，达尔文开始着手整理他积累了近 20 年的浩繁的研究手稿，希望能精简成书，尽快出版。

1859 年 11 月 24 日，《物种起源》正式出版。很快，达尔文的演化理论风靡英国、传遍世界。

演化理论的成熟

王光旭 / 文

在《物种起源》发表之后的十年间，演化的真实性已开始得到普遍接受，但赞同自然选择作为演化的主要的（或唯一的）驱动力的人其实并不多。相反，在此后长达近 80 年的时间里，有不少人尽管承认自然选择在演化过程中的贡献，但同时也相信还有其他因素在发挥作用，甚至在发挥更为重要的作用。

若类比于一场凶杀案，也就是说，大家已经不再怀疑这场凶杀案的真实性了，但对于凶手是谁，却存在不同的说法。

为什么会这样呢？原因在于，自然选择所需的变异是怎么产生的，又是怎么在后代中保持、传承的，一直没有被真正搞清楚。达尔文本人终其一生也没能找到问题的真正答案。

其实，自然界中，变异的普遍存在，大家是有目共睹的。在自然选择论者眼里，如此大量的变异足以提供选择所需要的原材料，即使

不明白变异的内在机制，也丝毫不会怀疑自然选择理论的正确性。然而，对变异性质五花八门的猜测，让其他试图替代自然选择的演化理论“乘虚而入”。

一种流行的拉马克式观点认为，变异的产生是由于生物的器官结构在外部环境影响之下的“用进废退”所致，而且认为这样的变异是可以代代相传的。比如，长颈鹿的脖子变长，是因为每一代的长颈鹿都在想办法伸长脖子去够到高处的食物，而洞穴中的动物眼睛之所以退化，是由于长时间用不着的结果。不少人也据此认为，随着时间的累积，“用进废退”所产生的变异，足以导致新物种的形成，若如此，何需自然选择?

还有一种观点认为，快速且剧烈的变异可以直接催生新的生物类型，新类型的生物个体繁衍下去便可形成新的物种。同样的，这个过程也不需要自然选择的参与。

然而，人们对变异本质的理解却姗姗来迟。

其实，早在1866年，变异的谜团就差点儿被揭开。那一年，一位名叫格雷戈尔·孟德尔（Gregor Mendel）的奥地利牧师就已经向世人公布了他的遗传学规律。他发现，亲代的遗传信息在以自由组合的方式稳定地传递给下一代，中间不会发生分散或者稀释。

格雷戈尔·孟德尔
图片来源：https://upload.wikimedia.org/wikipedia/commons/3/36/Gregor_Mendel_Monk.jpg

这是一个全新的观念。长期以来的所谓“混合遗传”认为，双亲的遗传信息以一种类似颜料混合的方式传递给下一代，变异在混合中产生，包括达尔文本人也持有类似的观点。然而，按照这种观念，五颜六色的动物毛发，用不了几代，就全都变成了单调的灰色了，那么在变异越来越少的情况下，演化如何继续？这显然不符合变异大量存在的科学事实，因此也不支持自然选择理论的成立。

不过，孟德尔发现了遗传信息如何向后代稳定传递的问题，但并没有解决变异是如何产生的，此时距离正确答案仅一步之遥！可惜的是，孟德尔曾把自己研究的结果写信告诉了达尔文，据记载，达尔文确实也收到了这封信，但却阴差阳错地没拆开，终使他没能了解孟德尔的重要工作。而孟德尔倒是读了《物种起源》，也曾试图弄清他的发现与自然选择学说的关联，但最终也是无果而终。

直到 1900 年，孟德尔用德文发表的工作报告被重新发现。此后，科学家在他的基础上又取得一连串的重要发现，遗传与变异的问题才最终被搞清楚。现在我们知道，遗传物质是基因，生物特征通过基因单向表达为蛋白质来体现，而遗传信息则无法从蛋白质流向基因；大量变异的发生主要是通过双亲间的基因重组实现的，而导致演化的变异最终来自基因的突变。

对变异本质的澄清无疑否定了拉马克式的演化理论，同时也否定了快速而剧烈的变异在演化中的决定性作用。试想，一个生命体的基因型是经过上百万年长期磨合而形成的一个稳定系统，因此，重大的突变很难产生健康存活的后代，即便能够有幸存活，也很难繁衍出下一代。

今天，已经很少有人再怀疑自然选择是生命演化中最重要的驱动力量了。

演化理论的影响

王光旭 / 文

一位哲人说过，演化的观念好比万能酸（一种设想的腐蚀性极强的酸，能腐蚀掉任何东西），它腐蚀着人类的几乎每个传统认知。

在自然科学领域，尤其是在生物学界，演化理论被用来解释各种生物的复杂器官、行为等。著名演化生物学家杜布赞斯基说："若不基于演化的角度，生物学的一切将无法理解。"

在人文领域，演化的观念更具"杀伤力"。人类曾自诩为万物之长、万物之灵，但在演化的视角下，人类只不过是繁茂生命之树上的一枝嫩芽罢了。和动物比较后还发现，人类的很多特征，如心灵、意识、性格、情感，甚至语言等，也没那么独特了。

有人相信，在演化观念的渗透之下，人文领域和自然科学领域长期分家的局面将发生重大变化，并最终有可能实现知识的大融通。

在中国，当达尔文的名字变得家喻户晓之时，已经是《物种起源》出版 40 年以后了。1898 年，即中日甲午海战惨败之后，严复的一本介绍演化论的译著《天演论》大卖，"物竞天择、适者生存"的演化观自此风靡全国。一位名叫胡洪骍的年轻人还因此改名为胡适，而在他的同学中，有一位名叫孙竞存，还有一位名叫杨天择，演化论的影响由此可见一斑。

要知道，严复的这本译著所基于的底本，并不是《物种起源》，而是英国知名生物学家托马斯・亨利・赫胥黎（Thomas Henry Huxley）的一篇演讲稿《演化论与伦理学》。然而不幸的是，严复在翻译的时候，有意隐去了赫胥黎强调的伦理方面的内容，反而掺入了赫伯特・斯宾塞（Herbert

严复
图片来源：https://upload.wikimedia.org/wikipedia/commons/2/23/Ngieng_Hok.JPG

托马斯 · 亨利 · 赫胥黎
图片来源：https://upload.wikimedia.org/wikipedia/commons/2/2e/T.H.Huxley%28Woodburytype%29.jpg

赫伯特 · 斯宾塞
图片来源：https://upload.wikimedia.org/wikipedia/commons/9/96/Herbert_Spencer.jpg

Spencer）的社会达尔文主义观点（将达尔文的演化论直接用于解释人类社会）。

如此一来，不少中国人所理解的演化论其实是“变了味儿”的。首先，“物竞天择、适者生存”八个字并不能准确反映演化论的内涵。在生物界，“天择”不单单通过“物竞”，也包括无所不在的互利与合作；能够“生存”的“适者”不一定是强者，更不会长盛不衰，“生存”与否取决于内外各种因素的随机变化。其次，演化论也解释不了人类伦理的全部。尽管在人类社会中存在的生存竞争和互惠互利（特别是人类发展的早期阶段）可以从演化的角度得到一定程度的解释，但人类社会自身的文化力量在伦理规范形成和维持过程中所发挥的作用也不容忽视。

但不管怎样，严复和他的《天演论》功不可没。尽管掺杂着误解，演化的观念自此还是在中国扎根了。

从地球生命诞生起，直至演化到如今多姿多彩的生命世界，从微观到宏观，从太空、陆地到海洋，并进入岩石圈，在数十亿年波澜壮阔的生命过程中，无不体现生命的魅力和演化的力量。本章从生命的起源、绽放、创新、辉煌、突破、洗礼、合作、竞争、坚守、能量、潜伏等方面，揭示演化的力量是生命生存与延续的源泉和动力。生命的现象无处不在，演化的力量奇妙无穷。生命通过不断的创新和改变，迸发出无限的能量，在适应自然、与恶化环境的抗争中，走向希望，迎接未来，这一切都为人类留下了极为宝贵而丰富的生命启示。

演化的力量

生命的起源

袁训来 / 文

生命的起源是千古未解之谜，是地球上发生的最特别的事件。迄今为止，没有充分的证据显示，在地球以外的其他星球上还有生命的存在。生命是什么？ 从化学的角度看，生命是一些生物化学反应的组合；从物理学的角度看，生命是一个熵值比周围环境低的系统；从信息学的角度看，生命通过消耗能量的方式来维持信息的传递；从生物学本身来看，生命是一套自我复制的系统，是由细胞组成的能够自我繁殖的能量代谢现象。

广义而言，生命起源可追溯到与生命有关的元素和化学分子的起源。在宇宙形成之初，即约 100 亿年前，产生了构成生命的基本元素：碳、氢、氧、氮、硫、磷等。在稍后的星系演化之中，一些有机分子（如氨基酸、嘌呤、嘧啶）可能形成并分散保存在星际尘埃和星云中，更进一步地，这些分子在一定的条件下，也有可能聚合成像多肽一样的生物高分子，再经过遗传密码和若干前生物系统的演化，最终在地球上产生原始细胞结构的生命。

生命起源的时间

地球上生命起源的时间主要是根据最古老的生物化石、太阳系和地球的形成时间以及地球化学等多方面的资料推测得来的。迄今为止，地球上发现的最古老的较为可靠的化石产自澳大利亚西部约 35 亿年前的岩石中，它们是形态类似现代细菌的微体化石，属于单细胞原核生物。也就是说，在 35 亿年前，原始生命在地球上就已经出现了。但这并不是地球生命的发端时间，可以肯定，生命起源的时间比这还要早。我们知道，努力寻找更

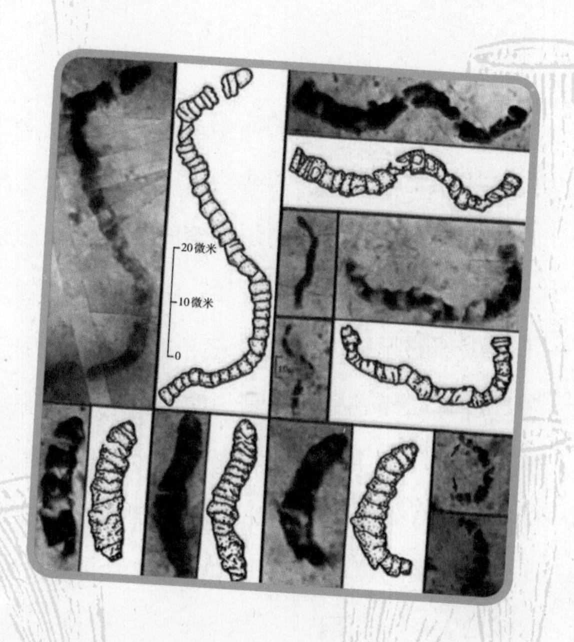

产自澳大利亚西部35亿～34亿年前的具有机质壁结构的原核生物化石，形态和大小类似现代的蓝藻，是迄今发现的最古老的生物化石（引自Schopf，1993）

古老的化石证据是确定生命起源时间的最可靠方法，但是地球上老于35亿年的沉积岩石极少并已高度变质。近年来，地质学家在更加古老的岩石中也发现了类似生命活动的痕迹。例如，在格陵兰37亿年前的岩石中发现了一类2~4厘米高的穹隆状结构，被认为是生物参与形成的沉积（叠层石）；在加拿大北部古老的地盾上，发现了42.8亿~37.7亿年前的直径约20微米的赤铁矿化丝状管体，疑似铁细菌化石。如果产自这些高度变质岩石中的生物遗迹能够得到进一步的确认，那就意味着，在地球形成后不久就有生命出现。虽然现在还不能确切地肯定地球上生命开始的具体时间，但是，由无机物转变成有机物并最终产生生命，这一过程应发生在距今46亿年（固体地球的形成年龄）至35亿年（最古老的可靠化石年龄）。

生命起源的环境背景

生命起源与太阳系和地球的形成以及地球的早期环境有着密切的关系。新的星云说认为，形成太阳系的星云由于引力作用而凝聚收缩，同时加速旋转，形成一个扁平的赤道盘，并围绕一个中心球体旋转。当赤道盘的进一步快速旋转产生的离心力大于引力时，逐渐形成内带和外带。内带靠近中心，温度较高，主要由耐熔的高密度物质组成；外带温度较低，由挥发性的低密度物质组成。最后，中心球体形成太阳，内带形成内圈行星，外带形成外圈行星。再通过进一步的物质分异，就形成了今天的太阳系。在地球形成之初，温度较高，地球上的火山作用异常强烈，火山喷发带来的大量还原性气体和水蒸气形成了地球的次生大气圈层。在这段时间内，地球上的温度渐渐下降，当温度低于 100℃时，火山活动带来的水蒸气和热水在一定范围内聚积并形成原始海洋。液态水的存在是生命起源的必要条件，海洋是生命的摇篮。

从无机物到有机生物大分子

传统观点认为，在早期地球大气中充满着火山喷发出来的 CH_4、CO、CO_2、NH_3、N_2、H_2O、H_2 等气体，在热、离子辐射和紫外线辐射等不同能源的作用下，并在重金属或黏土（作为化学催化剂）的表面合成简单有机化合物（氨基酸、嘌呤、嘧啶等），再聚合成生物大分子（多肽、多聚核苷酸等），这些有机大分子可能聚积在火山口附近的热水池中。至此，地球上的生命起源迈出了重要的第一步，我们通常称为“前生物的化学演化”，这个由无机化合物转变成简单有机化合物再聚合成生物大分子的过程，并不是一个十分复杂的化学反应，其可能性已经被大量的实验室模拟实验所证明。例如，1953 年美国科学家米勒把 CH_4、CO、CO_2、NH_3、N_2 等气体混合并进行放电实验，结果产生了氨基酸、糖、脂肪酸以及嘌呤、嘧啶等简单有机分子。同样，这些简单有机分子再聚合成生物大分子的过程也可以在实验室中模拟完成。

从生物大分子到原始生命

生命起源的关键步骤是从生物大分子到原始生命的演化。它是生命起源中的巨大事件，是生物与非生物之间不易跨越的鸿沟。近百年来，科学家试图在实验室中重复这个过程或某个步骤，但都没有获得满意的结果。例如，在奥巴林（A. I. Oparin）的“团聚体模式”和福克斯（S. W. Fox）的“微球体模式”实验中，虽然有类似于生物膜的双层结构产生，并在团聚体内发生复杂的生物化学反应等类似于生命现象的过程出现，但他们都不能解决一个共同的难题，那就是生命的遗传物质或者说“生命的核心”——核糖核酸的形成及其与蛋白质结合而形成有遗传功能的生命。

那么，什么是生命起源的关键呢？要系统地了解这个过程，首先应该对一个最简单而又具有生命基本特征的细胞有所认识。第一，这个细胞必须具有能自我复制的遗传系统；第二，它必须有生物膜系统。由生物大分子组成的遗传系统使得生命能够一代一代地延续下去，而生物膜（或细胞膜）使生命结构与外部环境分隔。换句话说，生命起源主要是这两个系统的起源。这个过程大致可以描述为：聚积在火山口附近热水池中的大分子进行自我选择，进而通过分子的自我组织能自我复制和变异，从而形成核酸（遗传物质）和活性蛋白质，再加上分隔结构（如类脂膜）的同步产生，最后在基因（多核苷酸）的控制下的代谢反应，为基因的复制和蛋白质的合成等提供能量。这样，一个由生物膜包裹着的、能自我复制的原始细胞就产生了。这个原始细胞可能是异养的或者是化学自养的，它可能类似于现代生活在热泉附近的嗜热古细菌。

我们还是“拾贝壳的孩子”

当然，生命起源绝不是上面描述的那么简单，正如上面所提到的那样，生物与非生物之间存在不易跨越的鸿沟。同时科学家也充分意识到生命起源是一个综合性的课题，是需要众多学科（包括天体科学、物理学、化学、生物学和地球科学等）交叉研究，并应用现代高科技手段才能逐步解决的问题。

例如，地质学家曾质疑米勒实验中利用的还原性气体与早期地球的大气成分不相符，不能轻易地产生氨基酸、嘌呤、嘧啶等有机小分子，但是随着深海技术的发展，20 世纪 80 年代在太平洋海底的热泉口附近发现了大量还原性气体和具有古老基因组的极端嗜热古细菌，科学家由此提出了“生命起源于海底热泉”的假说。

又如，经典的遗传学认为，DNA 通过转录形成 mRNA（信使 RNA）

并指导蛋白质的合成；反过来，DNA 的合成必须在蛋白酶的催化作用下才能实现。因而探讨地球早期“先有 DNA 还是先有蛋白质”的问题，就成了“先有蛋还是先有鸡”的悖论。20 世纪 90 年代，生物学家在研究某些病毒时发现，RNA 既有 DNA 的自我复制能力，又有蛋白质的催化性质，从而推测 RNA 可能是地球早期产生的最早的大分子，它同时承担了 DNA 和蛋白质的功能，后来才渐渐出现功能的分化，衍生出后两者。由此，生物学家提出一个假说：原始细胞形成之前可能存在一个“RNA 世界”。

应该说，我们距离最终破解生命起源这一难题还有一段遥远的路程，正如牛顿所说，人类在大自然面前始终是一个“捡贝壳的孩子”。 但我们并不灰心丧气。只要人类的求知欲没有泯灭，用科学方法去探索科学问题，我们将会越来越接近事实的真相。

生命的绽放

王 原 / 文

约 38 亿年前，地球上最早的生命诞生在海洋中。这些最早期的生命都是单细胞生物，被称为原核生物。它们个体小，细胞结构简单，不具备发育膜的、成形的细胞核，也没有染色体及具膜的细胞器（如线粒体或叶绿体）。但它们已经发育了基本的生命形态和生命机能。原核生物的种类较少，包括古菌域和细菌域两个大类，专家们总计描述了 1 万多种。而大家“熟悉”的病毒（如 2019—2020 年引发全球性重大疫情的新冠病毒 2019-nCoV）则是介于生物与非生物之间，严格地说，不属于生物，需要在生物的活细胞内才能复制。

原核生物经历了十数亿年漫长的演化，直到20多亿年前，才出现了一次重大的“升级”，这就是真核生物的出现。这个生物类群被称为“真核生物域”，是目前生物界的“主力军”（已经描述了140多万种），人类也是其中的一员。真核生物的出现代表着地球生命自起源之后的首次“绽放”，本节将从这次重大事件谈起。

真核生物的闪亮登场

真核生物是由真核细胞构成的。真核细胞与原核细胞相比，体积大了很多，结构也更为复杂。从生物本身演化的过程看，真核生物的产生可能是由不同种类的原核细胞生物共生而形成的，本章“生命的合作”一节将做较详细介绍，而从生物演化的环境背景看，真核生物的出现可能与地球的第一次大氧化事件（Great Oxidation Event，GOE）有关。

在生命诞生于地球上之后的很长时间内，生命形式依然非常简单，均为单细胞原核生物。24亿~22亿年前，因为蓝细菌等的光合作用产生氧气（氧气只是光合作用的副产品），浅海和大气中氧含量快速增加，被称为第一次“大氧化事件”。这些积聚的氧气对当时占统治地位的原本厌氧的原核生物来说无疑是生命的劫难，却促成了需要氧气参与新陈代谢过程的真核生物的起源和发展，并从此开启了通向人类出现的演化征程。显然，真核细胞的复杂细胞器增加了更多的功能性元素，为生物的多细胞化以及细胞的分化奠定了基础，进而产生了组织、器官高度分化的复杂生物，并最终形成“三域六界”的全新的地球生命系统。生物演化的水平也从此进入了一个崭新的阶段。

根据已知化石记录，最早的真核生物出现于大约21亿年前，如在美国北部密歇根州发现的管状生物卷曲藻。早期的真核生物可能以单细胞的藻

类为主。在我国河北宣化的黑色页岩中发现了约 17 亿年前的内容丰富的真核生物群落，为中国已确认的最早的单细胞真核生物化石。16 亿 ~15 亿年前，大型多细胞藻类业已出现，我国河北迁西县境内中元古代沉积岩中的化石就是其代表，它的最大长度可达 30 厘米，宽可达 8 厘米。真核生物不但可以进行无性生殖，也可以进行有性生殖，后者极大地提高了生物的变异数量和演化速率。地球上的物种数量急剧增加，生物个体也迅速变大。

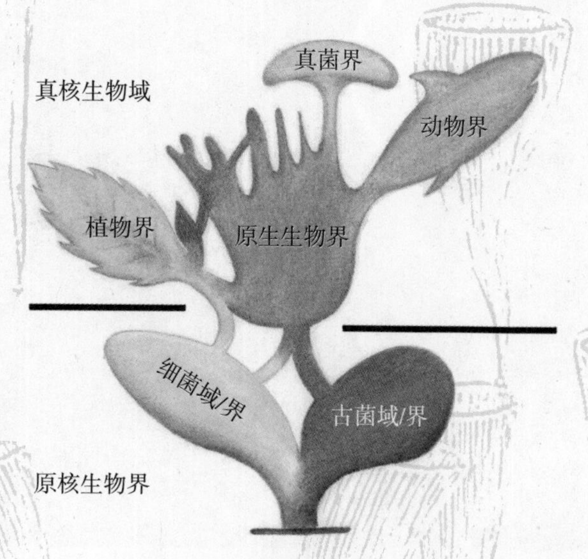

生物三域六界的演化关系示意图

图片来源：https://en.wikipedia.org/wiki/Eukaryote#/media/File:Tree_of_Living_ Organisms_2.png

多细胞动物的起源

多细胞动物的出现是地球生命演化中的一次重大事件，而该事件可能与第二次大氧化事件（Neoproterozoic Oxidation Event，NOE）有关。这次大氧化事件发生在 7 亿 ~ 6 亿年前的新元古代晚期，此前，全球经历了史上最严酷的寒冷事件，当时的地球全部被笼罩于冰天雪地之中，但随后大气圈中二氧化碳浓度极高，温室效应使冰雪快速融化，地表回暖，使得生命的演化驶入了快车道，表现为海洋中的多细胞底栖藻类发生了大规模适应辐射事件，生物个体宏体化，如我国约 6 亿年前的安徽休宁蓝田生物群。

蓝田生物群

蓝田生物群总体复原图（袁训来供图）

多细胞植物打了头阵，多细胞动物也随之登场。代表生物群如早期的我国陡山沱微体生物群以及晚期的埃迪卡拉宏体生物群，其中都发现了原始的多细胞动物。2015 年，在贵州瓮安生物群中，发现了一枚约 6 亿年前的海绵动物化石——贵州始杯海绵（*Eocyathispongia qiania*）。它只有米粒大小，体制构型不对称，无组织分化，无骨骼。这是一种栖息在浅海海底呈固着生长方式，通过简单的水沟系统进行滤食生活的动物。始杯海绵是世界已知最古老的多细胞动物。而同一生物群中约 6 亿年前的龙脊球化石则显示了细胞复杂的重组行为，这些行为是细胞发生分化的基础，非常类似于现在动物胚胎里面的原肠胚期的细胞分化。这种特征为我们了解动物的起源，尤其是动物发育方式的起源，提供了实际的证据。

贵州始杯海绵代表世界已知最古老的多细胞动物（殷宗军供图）

脊椎动物的肇始

在人类和几乎所有其他现生脊椎动物中，体内背侧都有一个由多个脊椎骨连接而成的脊柱。脊椎的出现是生物演化史中一次重大的革命，它使动物的身体因为有了内骨骼的支撑变得更为坚强，而可活动的脊椎骨的连接也提供了妙不可言的灵活性。例如，盲鳗和七鳃鳗是最原始的现生脊椎动物，它们体内已经出现了不完整的、软骨质的脊椎。在鲨鱼及其近亲中，所有骨骼都是由软骨构成的，其软骨的脊椎骨也已发育完好，其中所含的磷酸钙使软骨的椎体更加坚硬。在大多数现生鱼类和所有陆生脊椎动物中，脊椎骨都由硬骨构成。

化石记录显示，在5.2亿年前的云南澄江生物群中，已经出现了世界上最原始的脊椎动物，如海口鱼（*Haikouichthys*）和昆明鱼（*Myllokunmingia*），它们也是世界上已知最古老的鱼类代表。在这些身长只有3~4厘米的小动物体内，已经出现了初始形态的脊椎骨。虽然很可能是软骨质的，但已经为动物提供了足够的优势，让它们在拥有大型捕食者（如奇虾）的寒武纪海洋中得以生存、繁衍，并以一种很不起眼的方式，开启了包括我们人类在内的脊椎动物家族宏伟和繁复的、漫长的演化历程。

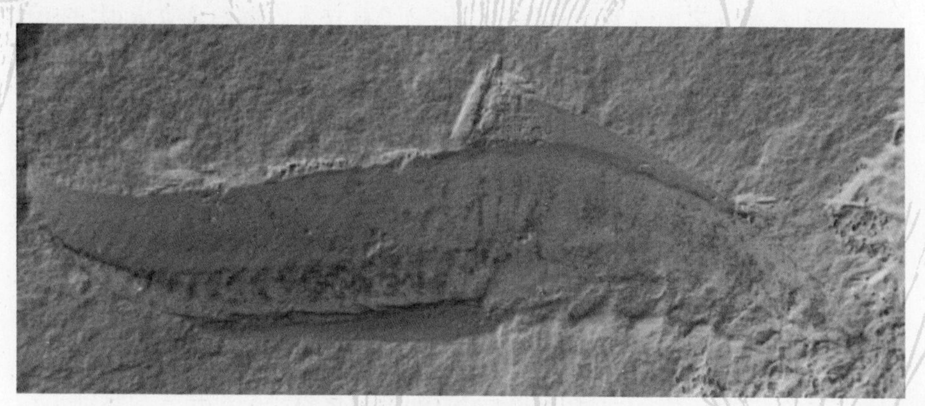

凤姣昆明鱼化石（舒德干供图）

人类的由来

所有证据显示，人类与非洲的现生猿类——黑猩猩的亲缘关系特别亲近。二者的家族在700万~600万年前或更早之前走上了不同的发展道路，2002年非洲乍得发现的撒海尔人化石可能就位于这个演化分叉点附近。如果确定撒海尔人能直立行走（目前的证据还不够充分），则毫无疑问它应被归入原始人类的行列。稍晚的已知最早期的人类包括肯尼亚的原初人、埃塞俄比亚的地猿等，然后是420万~120万年前的南方古猿，包括至少9个种，都发现于非洲。有一个说法很有意思，称人类是"先站起来才变聪明的"。从森林古猿树上的四肢并用，到远古人类地面上的直立行走，这个过程经历了数百万年，它解放了人类的双手，改变了四肢的功能，也加速了人类大脑的演化。

一般认为，从南方古猿到人属（也就是我们人类自己的生物属 *Homo*）的飞跃发生在300万~250万年前。最早的人属化石（如能人）还是发现于非洲。它们的平均脑量已经达到636毫升，比南方古猿的300~400毫升高了很多，但离现代人的1400毫升还是差了很远。我们的祖先真不像我们想象的那么聪明！

在能人消失之前或紧随其后，演化出了直立人。然后直立人很快扩散到了非洲和亚洲的多个角落，50万~20万年前的北京周口店的直立人就是这个时期的代表。在欧亚发现的早期现代人尼安德特人（43万~4万年前），与丹尼索瓦人都是直立人的后裔，它们在70万~60万年前分道扬镳。而在非洲，大约20万年前，从古老型的人类演化出了"解剖学意义上的现代智人"。这些人中至今还有一些留存在了非洲，其他一些则迁徙到欧亚大陆，并逐渐分布到全世界。有学者认为各地区当地的人类化石种应该对现代人类基因库的贡献更大，在某些情况下可能占据了绝对的优势，但都缺少分

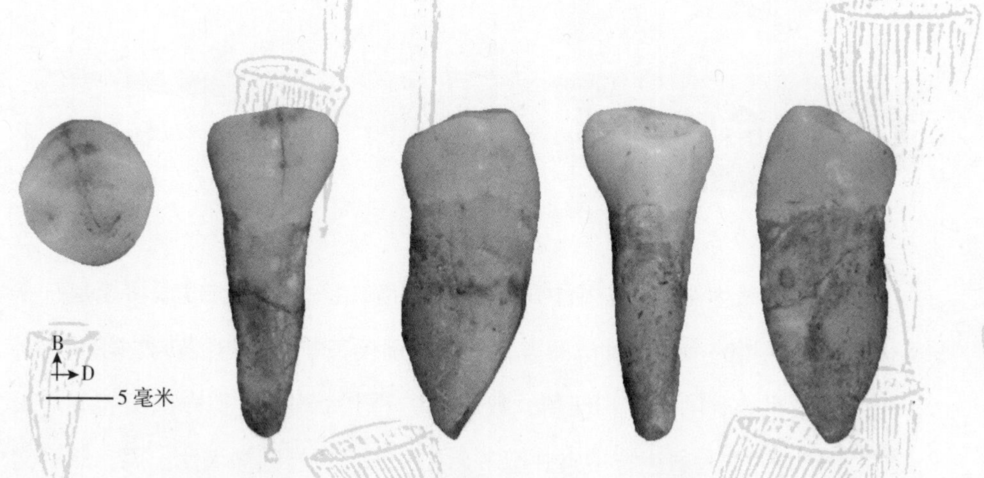

湖南道县 12 万 ~8 万年前的现代人牙齿（吴秀杰供图）

子化石的证据。来自中国湖南道县（12 万 ~8 万年前）和广西崇左（11 万年前）等地的化石证实，现代人抵达亚洲的时间远比过去认为的早。最新的古 DNA 研究也显示，在现代人中也掺入了少许尼安德特人的基因，说明二者有一定的基因交流。无论掺入了多少东零西散的基因，现代人类显然仍属于一个物种。也就是说，我们都属于同一个演化支系的成员。人类演化迁徙的具体路线是什么？人类演化的未来方向是什么？还有很多未解之谜等待我们这些“智人”去解决。

在地球生命约 38 亿年的演化过程中，自然选择起到了关键性的作用：它“剔除”对生物个体不利的变异，推动了物种的起源和衍变。值得说明的是，生命的起源和演化并不需要上帝的力量，而且地球生命的演化时间也远比“创世论”所推断的 6000 年久远了约 60 万倍。现今的地球生命可能有 800 多万种，而早已灭绝的生物远比这个数字多（如有人说远超 1 亿种）——虽然很难想象，但所有这些生命都来自一个共同的祖先，大约 38 亿年前的一个单细胞的生命——这就是达尔文所说的“万物同祖”的“生命之树”的起点。而这棵生命之树绽放至今而且还将继续繁盛下去。很神奇，难道不是吗？

生命的创新

王 原 / 文

假如地球生命拥有一个共同的处世态度，那么这个态度很可能是——创新。对生物的个体和种群而言，创新分别代表着新结构和新类群的产生，它的本质是变异的产生和保留。数十亿年的生命演化好似一次漫长的“长征”：适应的参与者生存下来并留下后代，不适应者则被淘汰出局，然后又不断有“新兵”加入。在征途中每个生物个体的每一个微小的身体结构的改变，都会在不断变化的环境中接受大自然的考验。在这个过程中，新的生物结构、构造、组织、器官不断被创造出来，最终那些有利的（也有一些中性的）被自然选择的伟力筛选并保留下来，并在这个过程中创造出一个又一个新的物种。正是创新的力量改变了地球生物多样性的面貌，也因此不断改造着我们的星球。

1984 年，在中国云南省昆明市东南一个叫帽天山的小山丘上，一个震惊世界的化石宝库随着一件貌似不起眼的节肢动物化石——长尾纳罗虫（*Naraoia longicaudata*）的发现而掀开了面纱。这就是后来被称为“澄江生物群”的以动物软躯体印痕为主要保存形式的特异埋藏化石群。这个生物群生活在 5.2 亿年前的寒武纪早期的浅海中。其所处的时期，正是被称为“寒武纪生命大爆发”的主幕

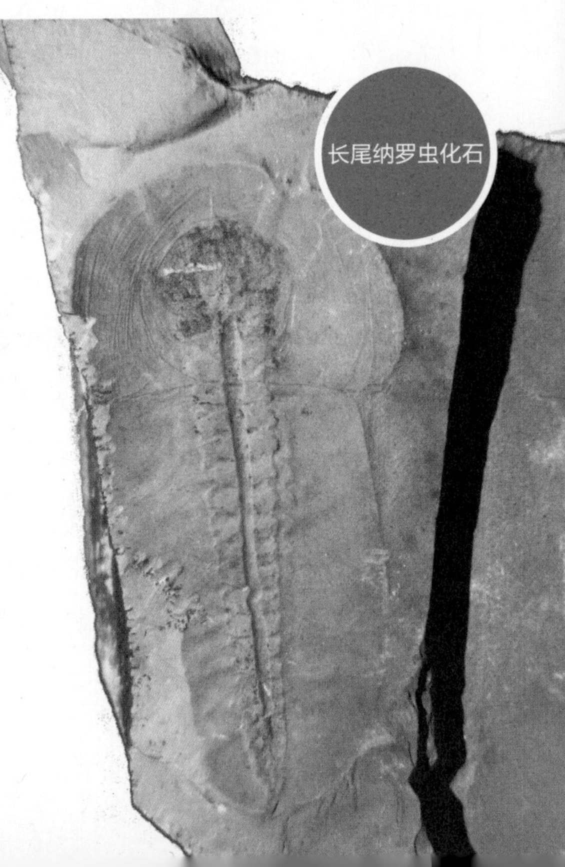
长尾纳罗虫化石

时期：在相对很短的时间内，20 多个现生动物“门”级别的类群涌现出来，其中包括 50 余纲，约 200 属，被誉为“20 世纪最惊人的科学发现之一”，成为观察早期海洋生命多样性的特殊窗口。澄江生物群中的生物创新结构和器官范例比比皆是，并产生了全新的动物造型和类群，让世人惊叹于生物界的创新力量。下面我们管中窥豹，挑选三个实例了解一下。

神奇的眼睛

以澄江生物群为代表的“寒武纪生命大爆发”是地球生命演化中高级分类单元诞生最频繁、生物结构造型创新最强烈的一次大型生物辐射事件。一大批与动物的视觉、摄食、消化、运动等系统相关联的新器官出现，急剧提高了生物的生存本领。其中最引人注目的就是眼睛的诞生。

眼睛是重要的感觉器官，对动物的感知、运动和捕食等都具有非凡的意义。在寒武纪之前，绝大多数动物是二胚层体制，没有嘴、骨骼、眼等器官；生物之间“相安无事”，缺少捕食和竞争机制。自寒武纪大爆发开始，三胚层体制和具有骨骼的两侧对称的后生动物占据了主导地位。其中最神奇的一个特征是眼睛的出现。在澄江生物群中发现了多种类型的视觉形式，包括眼点（如软体动物）、复眼（如节肢动物）、透镜眼（如脊椎动物）等，而且 90% 具有眼睛的动物都是节肢动物，它们的种类占据了生物群的 40% 以上，大多是主动猎食者。

是谁，拥有了第一双眼睛？

在所有眼睛中，复眼是最常见的形式，包括固着或具有活动眼柄两种类型。澄江生物群中的灰姑娘虫（*Cindarella*）具有目前已知最早的复眼。每只复眼由 2000 多个小眼组成（现代螃蟹只有 1000 个左右），具柄的眼

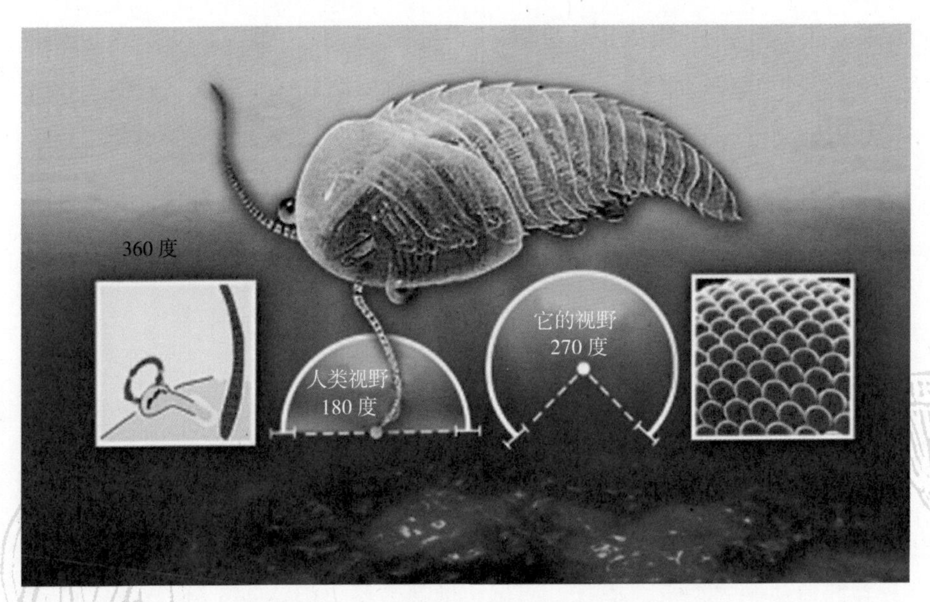

灰姑娘虫拥有目前已知最早的复眼（赵方臣供图）

睛可以收缩，而且具有 270 度的大视野（人类眼睛的视野只有 180 度）。这样的高性能眼睛结构也发现于抚仙湖虫、奇虾等其他节肢动物的化石中。科学家推测，眼睛的出现和复杂化，很可能是因为寒武纪海洋中生物多样性的激增，使动物之间产生强烈的竞争和捕食压力。而眼睛这样敏锐的感官无疑是“军备竞赛”中的高端武器，给拥有者以巨大的生存优势，因而被自然选择保留下来。

强大的口器

寒武纪之前的生物主要以体表渗透或滤食的方式获取营养，它们没有典型的嘴，更没有辅助嘴进食的摄食器官。但在澄江生物群中有一类海洋“巨无霸”——奇虾，它们的体长可达 2 米，不但拥有由 14 个肢节组成的一对大型附肢（捕食臂），还有一个直径可达 25 厘米的巨型口器。奇虾的口

上下开合的嘴与颜值

器具有环形排列的牙齿，分为外齿和内齿，向内逐级缩小。在捕食的时候，外齿的自由端先向外扩展，使口部开启。当猎物到达口部时，自由端返回原位使口部紧闭，同时将猎物卡住。然后位于内侧的内齿也用同样的方式运作，把猎物向口咽部的深处运送。在这个过程中，外齿和内齿对猎物进行逐级肢解，使食物碎块逐级变小。难得的是，在与奇虾伴生的粪球化石中，发现了瓦普塔虾（*Waptia*，一种甲壳类动物）的外骨骼碎片。显然它不幸成了当时的顶级猎食者的猎物。

奇虾的口器与大附肢是顶级“武器”（陈均远供图）

特殊的鳃裂

在动物演化过程中，不少较为重大的进步是与取食和呼吸这两大类器官的改进和创新密切相关的，因为这也是生物生存的两大基本要素。在寒武纪的海洋中，出现了一种外形十分奇特的动物，它们拥有一个箱形的身体（前端是一张大嘴）以及一条多节的尾巴；名字也很奇特——古虫动物，包括地大动物（*Didazoon*）、古虫（*Vetulicola*）等多个属，一般体长 7~9 厘米。没眼没腿的它们在寒武纪的海洋中用尾巴悠闲地游泳，用大嘴不停地吞下海水。而最奇特的是，在它们箱子状的身体两侧各有五个开口（学名叫“鳃裂”），这些开口排成一行，在动物生活的时候不停地向外冒着海水。这个结构是前所未有的！它与鱼鳃的功能相似，是古虫的排水和呼吸器官（柔软的表皮也可以辅助呼吸）。当海水从巨口被吸入，经过咽腔的分流，从鳃裂排出的同时，食物颗粒被运输到消化道中。而进步的古虫动物在鳃裂中具有精细的鳃丝，可以进行有效的呼吸——海水经过时，水中的氧气能够进入鳃丝中的毛细血管中，而血液中的二氧化碳则随水排走。

鳃裂的出现是动物界的一大创新，它也成为进步后口动物独有的特征。最近在古虫动物中又发现了脊索状的结构，从而为这类谜一样的动物找到了分类学归属——它们是原始的脊索动物，可能与现生

古虫和它的鳃裂
（张兴亮供图）

的尾索动物最为接近。

创新是一种生命的力量，它来自变异与自然选择，而变异与自然选择是生物演化的重要推动力量。澄江生物群中的创新只是几个范例，在生命演化的漫长过程中，创新的例子比比皆是：从昆虫的轻盈翅膀到翼龙用无名指“一指禅”支撑的翼膜，再到恐龙和鸟类的飞天羽翼，为了飞上天空，不同的生物类群见证了多种创新的实验。从肉鳍鱼两对肉质的偶鳍到四足动物登陆的多趾型四肢，再到人类的胳膊腿，你是否发现人类其实就是一条超级改进版的肉鳍鱼？从蕨类的孢子囊到裸子植物裸露的种子，再到被子植物鲜艳的花朵，植物的生殖器官也经历了多次创新。

必须指出，人类的创新力量似乎尤其巨大，在其生物学演化中，从直立行走到控制性地用火，再到智慧的不断进步；在其技术演化中，从早期制造石器到 1946 年发明计算机，再到让人造探测器飞跃冥王星（2015 年 7 月 16 日）。在人工智能、基因编辑等技术浪潮的冲击下，处于生物学和社会文化演化中的人类未来将走向哪里？这是个需要思考的问题。无论怎样，有一点可以确定：生命不息，创新不止。

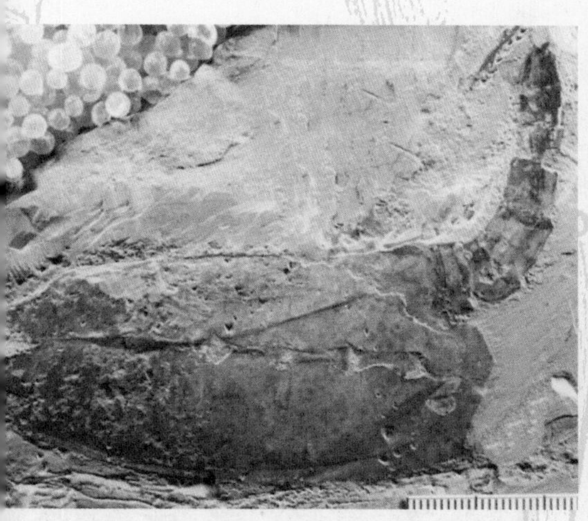

古虫化石（张兴亮供图）

生命的辉煌

冯伟民 / 文

地球生命史漫长而辉煌，呈现了一幕幕精彩而动人心魄的演化事件。特别是显生宙伊始的寒武纪大爆发，它开启了显生宙生物多样性演化的大幕，而紧随其后的奥陶纪大辐射奠定了整个古生代生物演化的格局，到中生代迎来爬行动物海陆空全面演化，直至新生代哺乳动物建立起“霸主”的地位。正是这一幕幕高潮迭起的演化事件，不断推动生物从海洋到陆地乃至天空的时空演化。

如今，生命现象遍及世界各地，形成了纷繁复杂的生态系统，无论从天空、大陆、海洋和海底，还是从南极到赤道到北极，生物的多样性丰富而多彩。

寒武纪生命大爆发

5.2 亿年前的澄江生物群和近年来发现的清江生物群表明，寒武纪时代的动物类型非常丰富多彩，不仅有大量的海绵动物、刺胞动物、栉水母动物等基础动物，也有腕足动物、软体动物、曳鳃动物、帚虫动物、星虫动物、毛颚动物、铠甲动物、有爪动物和节肢动物等原口动物，还有棘皮动物、头索动物、尾索动物和脊椎动物等后口动物，另外还有一些鲜为人知的难以归入已知动物门类的类群。因此，相对于寂静的前寒武纪生命世界，寒武纪海洋动物显得生机盎然、多姿多彩，生物界从此走向了通向现代生物的全新的演化大道。

寒武纪生物界一改之前动物不具备硬骨骼的面貌，普遍呈现了各种各样的硬壳，如锥状的软舌螺、螺旋的腹足类、两个壳的腕足类等。尤其是节肢动物，百般变化的硬壳使其多样化达到了极致，是寒武纪多样性最高和数量

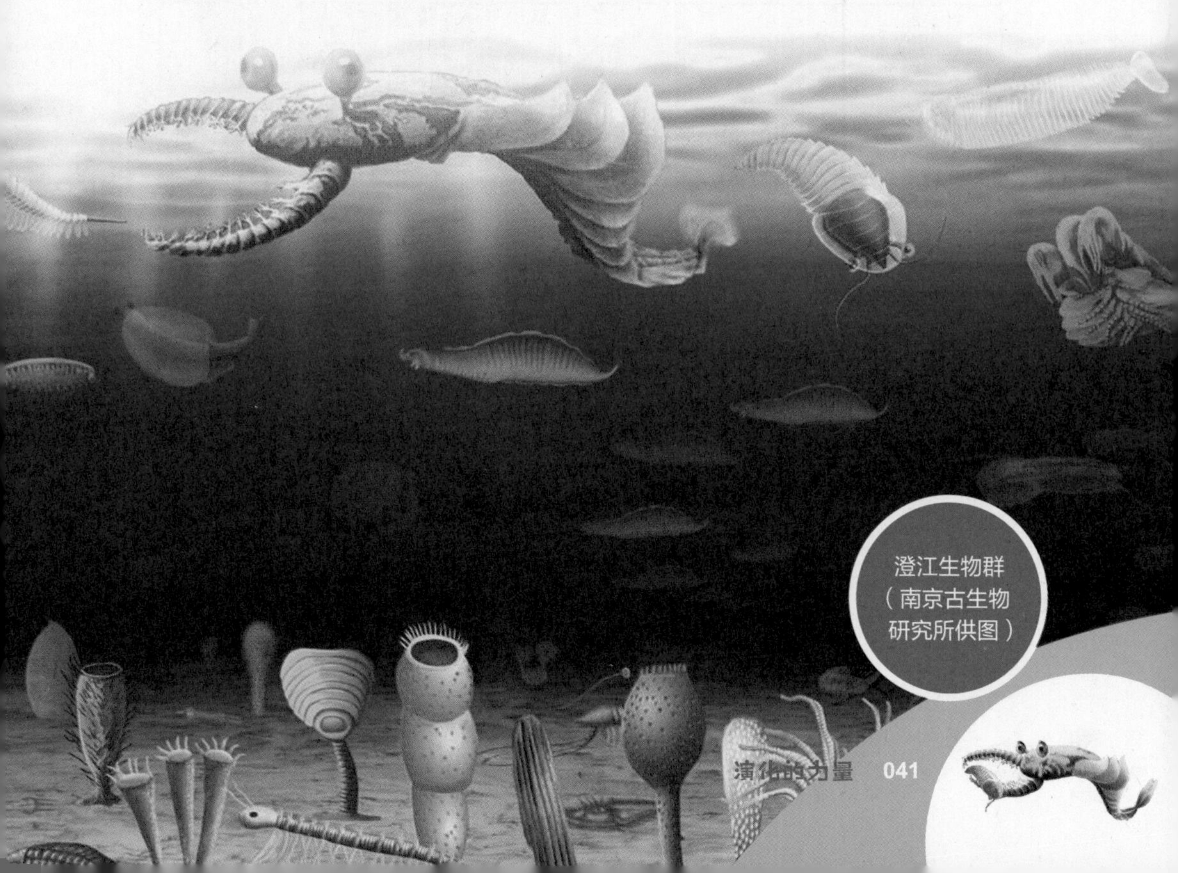

澄江生物群（南京古生物研究所供图）

最丰富的类群，并在后来的演化中一直保持了动物世界多样性最高的纪录。

寒武纪动物界创新了一大批新型的动物器官，如眼睛、外骨骼、口器、附肢、鳃腔、脊索乃至头等。它们与视觉系统、摄食系统、消化系统、神经系统、运动系统等一系列动物功能系统相关联，使得动物能够适应新环境，拓展新天地，展现了丰富多彩的生态场景。动物的捕食与被捕食、相互依存且彼此竞争，开创了与前寒武纪截然不同的生物演化新模式。

奥陶纪呈现了海洋生物最大的一次辐射

4.85 亿 ~ 4.44 亿年前的奥陶纪的海洋无脊椎动物获得极大发展，世界范围内的生物辐射事件再次发生，即奥陶纪生物大辐射。

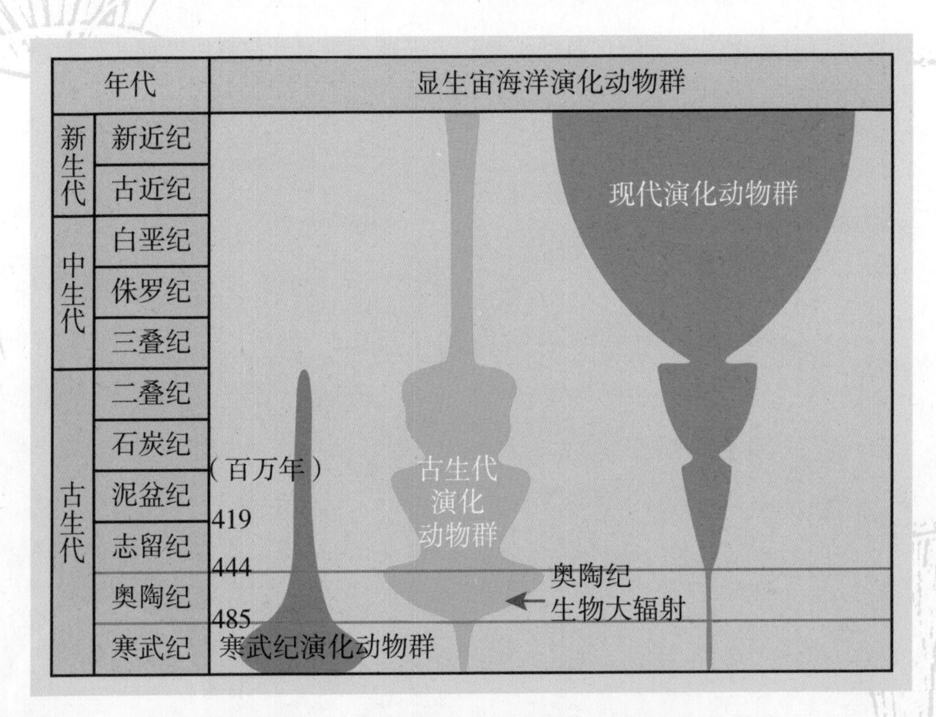

奥陶纪生物大辐射（引自詹仁斌，2018）

奥陶纪动物群主要由钙质壳腕足动物、三叶虫、半索动物、棘皮动物、苔藓动物、刺胞动物等组成。无脊椎动物在海洋生态系中占据了主导地位，尤其以鹦鹉螺为代表的头足动物逐渐取代了奇虾，成为海洋中的新霸主，处于食物链的顶级位置。鹦鹉螺动物房角石体长可达 10 米，是海洋生物诞生以来“身体”最大的动物，是奥陶纪名副其实的海洋巨无霸。其头的两侧有眼，中央为口，口内有颚和齿舌，像鹦鹉的嘴，故称其为鹦鹉螺。

笔石动物显得精致可爱。其形态十分奇特，有的呈树状，有的如展翅飞翔的大雁，还有的像张开的弓，但最奇异的还要数那些表面布满各种网眼、中间围成一个空腔的网兜状的细网笔石。笔石有两种生活方式，原始的笔石动物就像一棵树一样，固着在海底，然后向上生长；比较先进的笔石动物主要是营随波逐流的漂浮生活，依靠笔石虫体的触手摆动，滤食海水中悬浮的有机物。

三叶虫在寒武纪时就已经非常繁盛，奥陶纪时期进化出了新的类型。在海洋底层生活的三叶虫身体扁平，头部结构坚硬，便于挖掘；由于大量食肉类鹦鹉螺的出现，有些三叶虫在生存挑战的过程中，在胸、尾长出许多针刺；另一些三叶虫还进化出了非常巧妙的脊椎似的结构，用以抵抗刚出现不久的天敌——鱼类的捕食。

奥陶纪腕足动物也极为丰富，属的总数是寒武纪的 6 倍。中国华南地区资料表明，腕足动物辐射始于早奥陶世晚期浅海细碎屑底质区，后在晚奥陶世初占领较深海水环境。牙形动物也极其多样，达到了历史发展的巅峰。那时的海洋乃是牙形动物的乐园，生活着大批的牙形动物。

中生代（2.52 亿 ~ 6600 万年前）爬行动物的全盛发展

生命的顽强和蓬勃的进化力在二叠纪末大灭绝后表现得尤为抢眼。虽然历经漫长的残存和复苏期，却在此后的演化中一发冲天，在中生代演化大舞台上演了爬行动物海陆空全面发展的大戏。陆地上以恐龙一霸独强，横行天下 1.6 亿年；海洋中先后出现了鱼龙、蛇颈龙、沧龙等霸主；空中翱翔着无敌的翼龙，它们在从欧洲到亚洲直至南美大陆的上空肆意滑翔，即使后来出现了鸟儿，也难以与其争锋。

热河生物群

恐龙拥有庞大家族，由蜥臀类和鸟臀类组成，既有高大威猛的，也有娇小如鸡般的。在地球所有的大陆都留下了恐龙的身影。恐龙习性古怪有趣，由于牙齿同齿型，吃起食物生吞活剥；恐龙繁殖非常独特，常常留下一窝窝放射状排列的恐龙蛋。20 世纪末发现于辽宁朝阳的带羽毛中华龙鸟，彻底更新了人们对恐龙的印象。科学家不仅在恐龙羽毛中发现了黑素体，复原了恐龙原始色彩，首次向世人显现了真实的多彩恐龙形象。更重要的是，它复活了恐龙是鸟儿的祖先假说。科学界目前的共识是，正是在一批身披羽毛的小型兽脚类恐龙中，演化出了飞向蓝天的鸟儿。

恐龙在三叠纪诞生时，地球上还是统一的泛大陆，但到白垩纪，大陆板块已呈现出当今大陆分布格局的雏形，恐龙物种的多样性也达到了顶峰。中生代是裸子植物时代，茂盛的森林和植被显然为恐龙的大发展提供了丰富的食物来源。

哺乳动物为王的世界

在新生代（6600 万年以来），由于青藏高原和南极大陆冰盖的形成，气候越来越趋向于寒冷，直至第四纪形成大冰期。这种季节性变化明显、

地理环境极其多样的条件，使得拥有独特生理条件的哺乳类在由爬行类空出的生态空间迅速繁盛起来。

新生代的哺乳类迅速演化，陆地演化是主旋律，却有一支哺乳类返回海洋生活，即鲸等。另有一支蝙蝠类则非常聪明地开辟了空中飞翔的模式，而且选择黑夜外出觅食和活动，从而巧妙地避开了与鸟儿等的竞争。陆地哺乳类的演化则从古食肉类和古有蹄类到奇蹄类、偶蹄类、长鼻类和鳍脚类，直至现代哺乳类灵长类，并迎来了人类的诞生和演化，生物界从此揭开了新的演化篇章。

总之，正是一波又一波的生物辐射浪潮，将生物演化的辉煌一直延续至今，铸就了当今地球生物圈的繁盛。

生命的突破

王 原/文

漫漫地球史，悠悠沧桑变；亿万生物种，几多留世间?

在漫长的46亿年的地球历史中，发生过无数次海陆变迁事件。例如，构成现在世界最高峰（8844米的珠穆朗玛峰）的岩石，在2亿多年前，还处于一个远古大洋——特提斯洋的海底。在地球生命的演化历程中，海洋无疑扮演了非常重要的角色。从历史的角度看，大约38亿年前，地球上最初的生命就产生于远古的海洋里。水的大比热容特性是维持生物稳定生存环境的基础，形形色色的生物因此一代代顺利地繁衍，生命军团缓慢地发展壮大。直到5.2亿年前，在寒武纪早期的海洋中才诞生了世界上第一条鱼，以1999年云南澄江发现的海口鱼（*Haikouichthys*）为代表。从现实的

角度看，仔细观察我们赖以生存的地球，你会发现其表面71% 的面积都被海洋所占据。我们所熟知的“地”球，其实从外观看更像是一个“海”的星球。包括世界最大的动物蓝鲸在内，有 20 多万种已被科学家记录的生物生活在浩瀚的现代大洋中。而据估算，不为人类所知的海洋生物至少还有 200 万种之多。

海洋是生命的摇篮和庇护所，离开这样一个温暖的“怀抱”需要极大的勇气。从 4 亿多年前开始，地球生命展现出的一个个“登陆”传奇——首先是植物，然后是动物，纷纷登上了陆地。之后生命又向天空发展，建立起了自己的“空军”。当然也有一些已然登陆的生物，似乎拥有隐藏的爱海“基因”，所以又重新返回了海洋。下面让我们近距离观察一下这些拓展各自类群生态领域的突破性事件。

登上陆地

生物从海洋登上陆地是一个漫长、曲折的过程。生命出现于陆地上的具体时间目前还不得而知。一些研究显示，至少在 10 多亿年前，陆地表面就已经有了生命的迹象，而蓝细菌和绿藻可能是最早“吹起号角”进攻登陆的“先锋队”。当蓝细菌或藻类与真菌类紧密结合，出现于浅海或陆地环境中时，可以形成共生互利的联合体——地衣。它们以低低的身姿覆盖在地表，也通过地衣酸等改变了岩石组分，为后来的登陆者打下坚实的基础。推测生物的最初登陆过程可能有些尴尬，因为这未必是它们“自愿的”。可以

生物登陆（朱敏、王怿供图）

石炭纪（距今3.59亿~2.99亿年）

潘氏鱼
棘鱼
真掌鳍鱼
星甲鱼
古软骨鱼
鱼石螈
异甲鱼
昆明鱼
盾皮鱼
盔甲鱼
骨甲鱼
辉木
库逊蕨
石松类
裸蕨类
工蕨类
泥盆纪
（距今4.19亿~3.59亿年）
志留纪
（距今4.44亿~4.19亿年）
奥陶纪
（距今4.85亿~4.44亿年）
寒武纪
（距今5.41亿~4.85亿年）

想象这样的场景：生活在沿海潮间带的藻类，在退潮的时候暴露在空气中，它们不幸被海水“遗落”在了海滩上。而在自然选择的压力下，这些生物中适应于陆地环境的特征被逐渐保存了下来。大约 5 亿多年前，从水生藻类演化出了两栖型植物，即同时具有水生和陆生适应特征的似苔藓植物。我国贵州早中寒武世凯里组的中华拟真藓（*Parafunaria sinensis*）就是这一阶段的代表。

植物在陆地上生存必须具备三个条件：第一要有防止和调节水分蒸发的机制，并能在陆地上进行光合作用；第二要有能够在陆地上繁衍后代的器官；第三要具备适合陆地生存的输导和支撑组织。早期的陆生蕨类已经具备了这三个条件，它们是地球上最早的维管植物，也是植物完成真正意义登陆的代表。1996 年，我国学者在贵州大约 4.3 亿年前的早志留世地层中，命名了一种叫黔羽枝（*Pinnatiramosus qianensis*）的陆生维管植物。它们一经发现就让世界古植物学界为之瞩目，维管植物的最初登陆似乎发生于中国。然而 2013 年的一项新的研究认为，黔羽枝并不是志留纪的植物，而是二叠纪植物的根系插入志留纪地层中形成的。看来寻找地球最早的陆生维管植物仍任重道远。

在陆生植物登陆之后不久，由于食物链的关系，无脊椎动物也逐渐出现在陆地上。这个时间可能早至 5 亿多年前的寒武纪，代表分子可能是某些早期节肢动物。但对人类而言，最重要的登陆发生在约 3.6 亿年前的泥盆纪晚期，一些勇敢的肉鳍鱼类（硬骨鱼的一个分支）爬上了陆地，它们后来被改名为“鱼石螈类四足动物”，也是最早的广义的两栖动物。这是鱼石螈的一小步，却是包括我们人类在内的脊椎动物演化的一大步。没有四足动物的登陆，以后是否会演化出人类都是未知数。鱼石螈等早期四足动物保留了鱼形尾，但

你是一条肉鳍鱼

鱼石螈的登陆（水中还有它的同伴以及肉鳍鱼类真掌鳍鱼）（李荣山绘）

已拥有具多趾的四肢。它们可能更多的时间是在水中游泳或在水底爬行，少数时间到岸上活动。可以想象，它们在陆地上行走时一定还非常笨拙。2002 年命名的宁夏晚泥盆世的中国螈（*Sinostega*）就是中国最早四足动物的代表。

飞上蓝天

有人戏称飞行就是“把自己扔到空中而不掉下来”。我们人类通过自己的经验知道，这确实是个了不起的伟大成就。飞上蓝天是生命继登陆之后又一新的突破，它极大地扩展了生存领域，也使生物在获取食物和逃避敌害方面获取了前所未有的优势。这样的优势特征必会被自然选择所保存下来。根据化石记录，最早飞上天空的生物是一种昆虫。20 世纪 20 年代，在苏格兰 4 亿年前的早泥盆世地层中发现了一件古老节肢动物的化石。但直到 2004 年，它的真实身份才被揭露出来。原来这种被命名为莱尼虫（*Rhyniognatha*）的昆虫拥有翅膀，代表着地球上已知最早会飞的生物。随后，昆虫家族在大气氧含量极高的石炭纪（可达 35%，现在为 21%）发展出了超巨型代表：翼展超过 70 厘米的巨脉蜻蜓（*Meganeura*）。

达尔文翼龙是在中国辽宁侏罗纪地层中发现的
一类过渡型翼龙（汪筱林供图）

在约2.2亿年前的三叠纪晚期，翼龙成为地球上最早会飞的脊椎动物（如意大利的真双型齿翼龙），比鸟类还要早7000万年就已经飞上了天空，从而极大地拓展了脊椎动物的生存空间。在脊椎动物演化的历史中，真正的飞行只出现过三次，分别是在翼龙、恐龙（及其后裔鸟类）和蝙蝠中。它们都是通过扇动翅膀来完成飞行的，但各类生物翅膀的结构各有不同。翼龙和蝙蝠的翅膀是皮质的翼膜；恐龙和鸟类都是用羽毛飞行（但最近，奇翼龙和浑元龙等用翼膜飞行的奇葩恐龙的发现又颠覆了这一认知）；蝙蝠的手指伸到了翼膜中，与翼龙又有不同。有趣的是，虽然鸟类的祖先选择飞上了蓝天，但有些鸟类却次生失去了飞行能力，比如鸵鸟和企鹅。这都是大自然的造化使然。无论怎样，把“触手”伸向天空是生物演化历程中一项极其伟大的成就。

奇翼龙

重返海洋

虽然地球生物当初艰难地登上陆地，极大地丰富了生态位，但“反悔”的事情仍不可避免。在脊椎动物家族中尤其突出，一些类群“背叛”了自己已登陆的四足动物祖先，重新回到了海洋。这就是“中生代的海怪”——各种各样的海洋爬行动物。当恐龙统治陆地的时候，鱼龙、蛇颈龙等爬行动物成为海洋中的霸主，另有巨大的海生蜥蜴沧龙，以及龟鳖类、海龙、原龙、楯齿龙、鳄等多个类群的海生代表。在我国安徽、贵州、云南等地不同时期的三叠纪海生动物群中，就包括世界上最早的鱼龙短吻龙（*Cartorhynchus*）、原始鳍龙类贵州龙（*Keichousaurus*）、世界已知最原始的龟鳖类始喙龟（*Eorhynchochelys*）等著名代表。

脊椎动物重返海洋并不是从中生代开始的。生活在二叠纪早期（约2.8

海洋爬行动物半甲齿龟是三叠纪的一种原始龟类（李淳供图）

亿年前）的中龙已经回到了水域，虽然可能只是进入咸水湖，而非真正的大海。它们的尾部变得侧扁且上下更高，可以更强劲地划水；它们的四肢有蹼，可以起到类似方向舵的作用。中龙属于一个被称为“副爬行动物”的演化支系，该支系的大部分成员都是陆生动物，但中龙却像是一个古生代的叛逆少年，走上了一条完全不同的道路。重返海洋的生物面临运动、呼吸和生殖等方面的重重困难，比如原来适合在陆地呼吸的肺，却成为水下呼吸的障碍，它们不得不游到水面去呼吸。但为了更大的利益或者更准确地说是生活所迫，以中龙为代表的生物还是做出了它们的选择。

生物重返海洋的原因有很多种，获取食物和躲避敌害是最常见的因素。当然地球环境的变化可能也是主要原因之一。毫无疑问，“吃到食物、争过同类、躲避敌害、生下后代”是各类动物一贯坚守的统一生存法则。重返海洋的奥秘很可能与当初脊椎动物登陆的动因不谋而合。

从海洋中诞生、发展，再逐步发展出自己的陆军和空军。如果没有生物登陆，陆地生命及其演化一切免谈，这可能是生命宏演化中最伟大的一步，而飞上蓝天摆脱了重力的束缚，重返海洋则拓展了演化的道路。这一次次生命的突破，极大地拓宽了地球生物的生存领域，也不无例外地丰富了地球生命的整体面貌，从而让我们现在得以看到一个缤纷多彩的生命世界。

生命的洗礼

冯伟民 / 文

当生命登上地球历史舞台，就展现了其一往无前、不惧艰险的风采。一次次生命的洗礼就是一曲曲折射出顽强生命力的赞歌，它给生命的延续注入了特殊的动力。

生命在漫长的演化中，曾经历无数难以想象的艰难困苦，经受过由于环境急剧恶化带来的严峻考验和磨难，大量的生命因此而消失在演化长河中，幸存者又继续前行。

前寒武纪生命的洗礼

24亿~22亿年前，第一次大氧化事件使得生物界发生了一次巨变，有氧呼吸的真核生命悄然出现，而这一事件的主要推手恰是看起来微不足道的蓝藻。然而，有氧环境的形成却给厌氧的原核生命带来了一场灾难，由此形成生命史上第一次大灭绝事件。原本一直在还原环境中的原核生命，在一番抗争和演化后，出现了适应有氧环境的原核生命新成员。

科学研究表明，每当地球发展进入一个重大转折时期，生命无不面临巨大的考验，有时会长期处于演化的缓慢时期。第一次大氧化事件后，大气氧含量又跌至低谷，导致真核生物的演化长期处于低迷状态。可能由于地球活动的加剧，导致了海底大量有机质运移到浅海表面，极大地消耗了大气和海水中的氧气。历时久远的大冰期环境，也使得生命演化徘徊了很长时期。因此，直至过了10多亿年发生了第二次大氧化事件，才迎来了多细胞生物的出现，尤其是动物的出现。

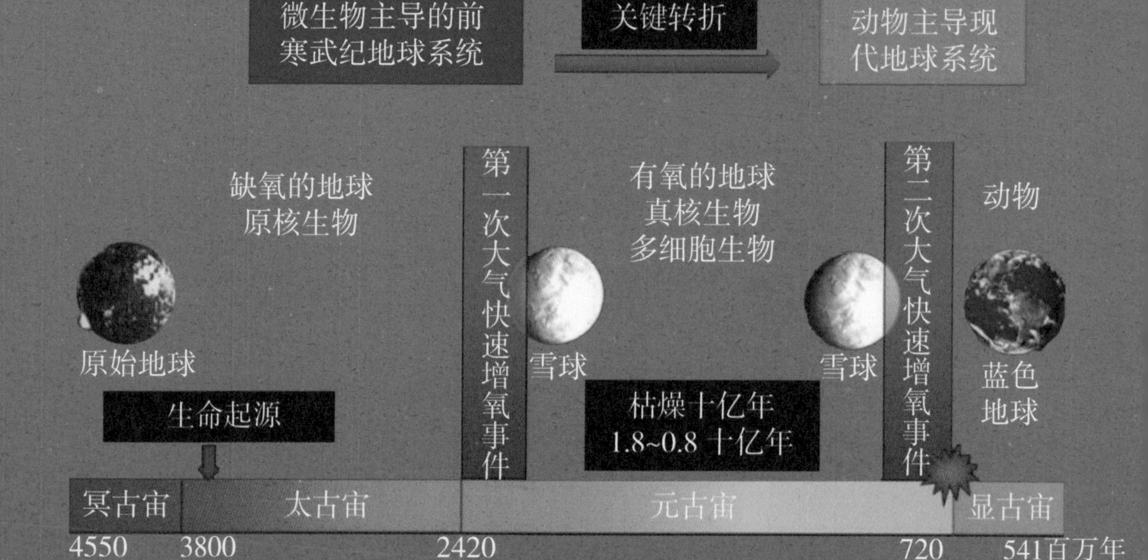

地球生命早期演化与古环境（朱茂炎供图）

显生宙生命的洗礼

自显生宙以来，生物界的多样性获得了前所未有的蓬勃发展，各类动植物竞相发展。但在这段地质历史中，也有明显的物种大灭绝，使显生宙生物多样性发展一波三折，充满悲喜剧。不同层次的生物灭绝事件发生过无数次，但具有全球影响的生物大灭绝至少有 5 次，即发生在奥陶纪末、晚泥盆世中期、二叠纪末、三叠纪末和白垩纪末的生物大灭绝。下面列举两例：

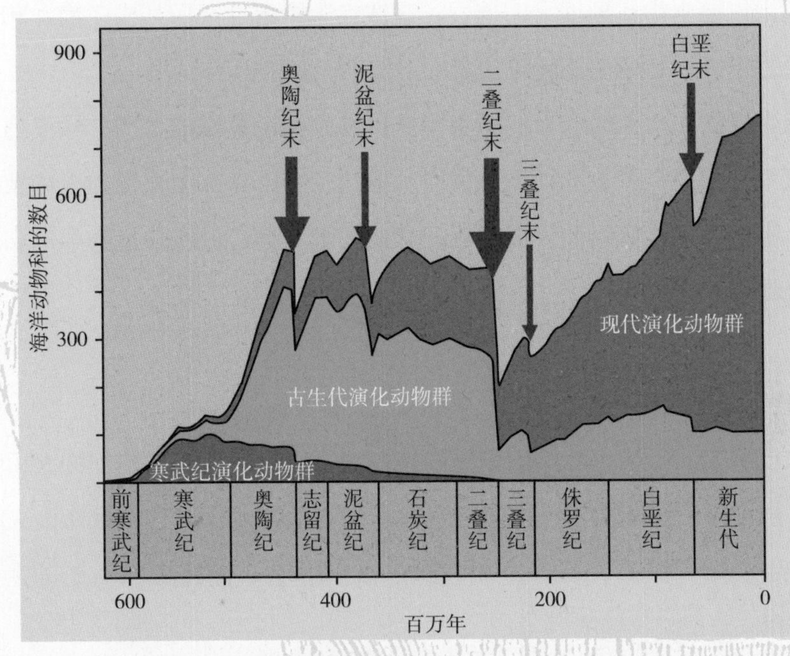

显生宙五次重大生物集群灭绝事件（引自杰克·塞普考斯基，1981）

白垩纪末大灭绝

白垩纪末生物大灭绝因为恐龙大灭绝而最为公众所熟悉，它发生在6600万年前，标志着中生代的结束。26%左右的科、超过半数的属、75%左右的种在大灭绝中消失。脊椎动物门中的爬行纲，其中的翼龙目、恐龙类的蜥臀目和鸟臀目、海生的蜥鳍目的幻龙类和蛇颈龙类、楯齿龙目、鱼龙目，这些当时海、陆、空的霸主全都灭绝了。但是，幸运的是，陆地爬行动物中的有些蛇、蜥蜴、乌龟、鳄鱼等，部分鸟类，哺乳动物纲中单孔目的鸭嘴兽（卵生哺乳类），最早期的有袋类如负鼠，最早期有胎盘类的食虫目等，都躲过了大灾难。

菊石是中生代非常繁盛的无脊椎动物，也未能躲过此次大灭绝。双壳类中的固着蛤类也完全灭绝了。一度非常繁盛的六射珊瑚、大型底栖有孔虫和超微浮游生物遭到很大的摧残。这次大灭绝事件严重冲击了海洋和陆地的生态系统，使现代最重要的成礁生物六射珊瑚急剧减少。

陆生植物在大灭绝时当然也未幸免，其中裸子植物的本内苏铁类植物全部灭绝了，只有少数苏铁类、银杏类植物幸存下来，但松柏类灭绝数量较少。不过裸子植物经此大灭绝后，从此一蹶不振，很快从植物界的霸主地位上跌落下来。

二叠纪末大灭绝

二叠纪末大灭绝是地质历史中规模最大、影响最为深远的生物大灭绝事件。与古生代前两次大灭绝主要局限于海洋生物不同，这次生命大灭绝不仅导致了海洋中 95% 的动物物种在这一时期消失，而且使 70% 的陆生生物物种也未能摆脱灭绝的厄运。

在此次大灭绝中，繁盛于古生代早期的三叶虫、四射珊瑚、横板珊瑚、蜓类有孔虫以及海百合等全部灭绝，腕足动物、菊石、棘皮动物、苔藓虫等也遭受严重的打击。当然，不同动物在大灭绝中的表现是有差异的。晚二叠世海相贝壳类生物的科、属、种的分异度分别下降了 54%、78%~84% 和 96%，其中，腕足动物在长兴期末科一级灭绝率为 73%，属灭绝率为 81% 左右，曾长期统治浅海底域的腕足动物，如长身贝目、正形贝目等全部消亡，连深水海域里的放射虫等也惨遭重创。华夏双壳类动物群 53.4% 的属和 96.5% 的种也突然灭绝。这次灭绝事件也使 93% 的鱼类灭绝，不过软骨鱼中的肋刺鲨类此时继续发展，旋齿鲨和异齿鲨都是其中的著名代表。

二叠纪末的生物灭绝事件对地球生态系统演变的影响也是空前的，生物礁生态系统全面崩溃，并导致了自奥陶纪建立起来的由海百合 – 腕足动物 – 苔藓虫组成的海洋表生、固着底栖滤食性动物群落迅速退出历史舞台，

为中生代由现代软体动物 – 甲壳动物 – 硬骨鱼构成的活动性底栖、内生和肉食性生物群落的崛起创造了条件。

在陆生生物中，不同气候带的特征植物群消亡，当时位于赤道地区的以大羽羊齿为代表的热带雨林植物群，在二叠纪末与海洋生物同时遭到快速毁灭性打击。庞杂的蕨类植物绝大部分灭绝，仅有些草本植物遗留下来。大量的昆虫从此消失。在二叠纪最有代表性的陆生动物就是四足类的脊椎动物，但至二叠纪末，63% 的四足类的科迅速灭绝。总之，地球表面万物凋零，呈现毫无生机的凄惨景象。

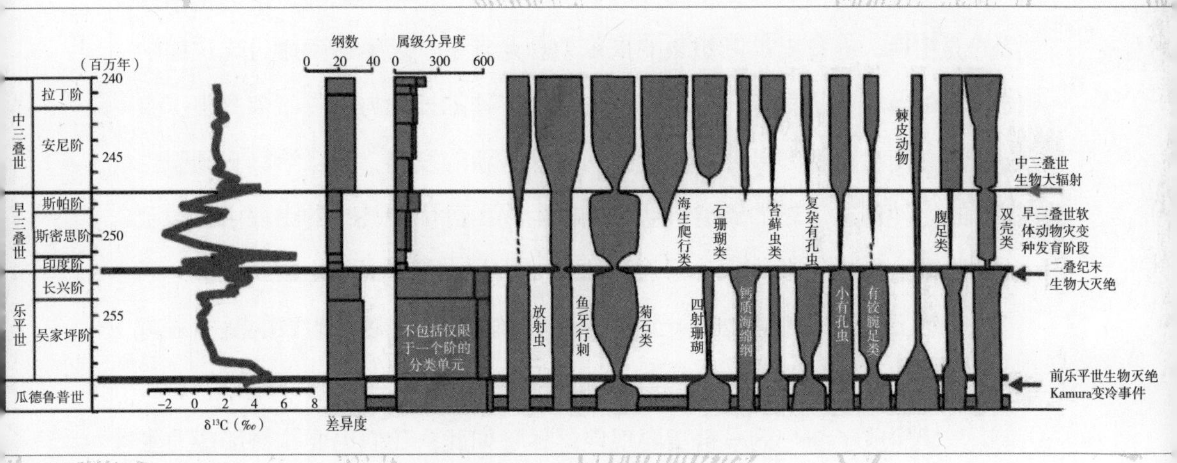

二叠纪末大灭绝（引自沈树忠等，2010）

洗礼带来的启示

大灭绝原因复杂，起因于全球性的多种可能的灾变环境，如全球气候变化（变冷或变暖）、大范围火山活动、海洋环境恶化（如短期内海平面升降、酸化、毒化、甲烷大量排放）和天外来客（如彗星、陨石）撞击地球。科学家发现，二叠纪末、白垩纪末等大灭绝事件发生的前后都有温度剧烈变化、海洋酸化和缺氧、海洋微生物爆发等现象出现，所有这些都说明剧烈的气候环境变化是导致生物大灭绝发生的原因，其“幕后黑手”大多指向地球内部的活动造成的大规模火山喷发，即便是白垩纪末生物大灭绝事件，尽管有小行星撞击的确凿证据，但越来越多的研究也表明德干玄武岩的喷发与大灭绝的密切时间关联。

固然，历次生物大灾变的后果是极其惨烈的，它重创甚至毁坏了大的生态系统，打破了生物与环境间长期的相对平衡，中断了生物演化的连续进程，使得生物多样性剧跌，旧生物屏障极大地弱化了。但是，值得庆幸的是，它并没有彻底改变生物界的根基。相反，生命在经历了多次不同寻常的洗礼后，迸发出难以想象的恢复力。尤其是，灭绝在生命进化过程中扮演着相当重要的角色，成为生物进化的特殊的推动力，它不仅腾出了生态空间，使幸存者得以拓展生存空间，获得新的发展，而且给具有顽强生命力的物种创造了新的繁盛机遇，更在生物类群优势替代的进程中，起了加速和催化的作用。

显然，在地球历史舞台上，伴随着生命演化的大潮，生命的洗礼一再上演，对生命的考验一次又一次，有的物种被淘汰，有的物种闯关成功。幸运与偶然成了演化的一种重要现象。尽管如此，我们仍要礼赞那些为生命的未来和推动生命演进始终不屈地抗争的远古先辈。

事实上，生命就是在一次次洗礼中前仆后继，彰显出生命的特有的顽强和忍耐！而生命在严酷的考验和洗礼中所展示出来的风采不正是当今人类面向未来不断进取所需要的力量来源吗？

生命的合作

田 宁 王永栋/文

在漫长而曲折的演化历程中，生物不仅与其所处的环境相互作用，不同生物之间也形成了复杂的相互作用机制。这其中不仅有惨烈的“你死我活”的种内斗争和种间斗争，同样也不乏“同舟共济”的合作共赢。生物在进化过程中，在参与生存斗争的同时，一些物种逐渐与同一物种的不同个体或其他物种形成了各种合作关系，这种合作关系有利于生物自身的生存。进化本身是神奇的，甚至是不可思议的，生物间的协作共赢关系更是奇妙的生物进化的重要表现。

共生

共生是生物合作的重要表现形式之一。所谓“共生”，可以简单地认为是生物生活在一起，相互之间不断发生的某种联系。这类联系又可以进一步分为：互利共生，即相互之间的作用，对大家都有利；共栖，只对一方有利，但对另一方无害；寄生，对一方有利，对另一方则有害。

互利共生指两种生物共同生活，互相依靠，彼此受益。如海葵附着于海螺的外壳上，其刺丝对海螺起到保护作用，同时寄居在海螺壳内的海蟹不时地移动又给海葵获得捕取食物的便利。

共栖指两种不同生物共同生活，一方受益，另一方既不受益，也不受害。比如在海洋中，体型较小的鲫鱼用其吸盘吸附在大型鱼类的体表，被携带到各处，觅食时暂时离开大鱼，对大鱼无利，也无害，但增加了鲫鱼觅食的机会。

寄生指一种生物生活在另一种生物的体内或体表，从中取得养分，维持

生活。如动物中的蛔虫、蛲虫、跳蚤、虱子和植物中的菟丝子，都以寄生方式生活。

共生在生物演化中具有重要的意义。在地球生物演化过程中，从原核细胞到真核细胞的过渡是一个至关重要的环节。越来越多的分子系统学证据证明，真核细胞可能是由若干不同种类的原核细胞生物结合共生而形成的，这些共生的原核生物与宿主细胞建立了紧密的相关依存关系，同时在复制与遗传上建立了统一协调的体系，进而通过这种结合构建了真核生物的祖先。在电子显微镜下，植物的叶绿体与蓝藻（蓝菌）极为相似，植物叶绿体本身也具有一个含 DNA 物质的核区，同时二者都具有片层状结构。也有学者提出，高等植物的线粒体可能来源于共生的细菌。

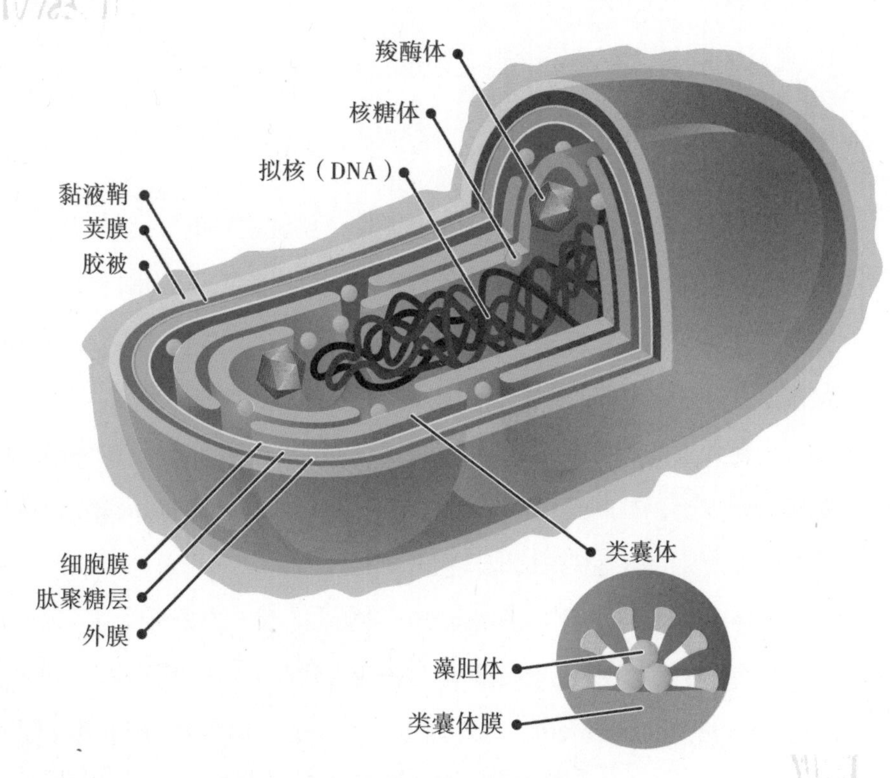

蓝藻解剖特征示意图（图片来源：壹图网）

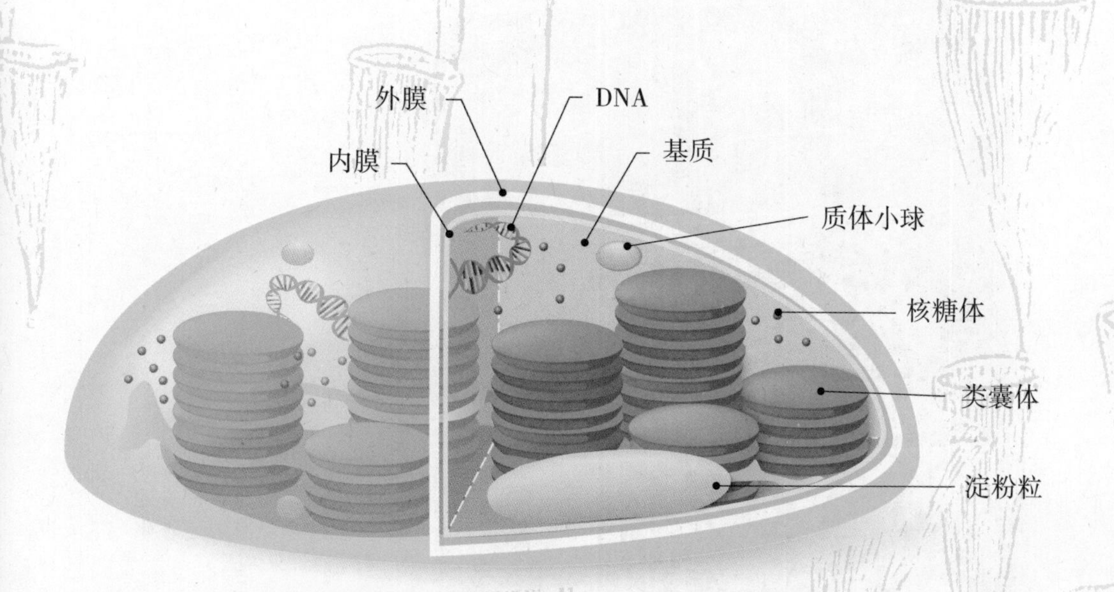

叶绿体解剖特征示意图（图片来源：壹图网）

地衣是为公众所熟知的一种生物共生体，它们是真菌和藻类的共生组合。地衣在土壤形成中有一定作用：地衣通常生长在岩石表面，能够通过分泌多种地衣酸对岩面进行腐蚀，使岩面逐渐龟裂、破碎，加之自然界其他风化作用的共同影响，逐渐在岩石表面形成了原始土壤层，为其他高等植物的生长创造了条件。因此地衣常被称为“植物拓荒者”或“先锋植物”。在地质记录中，地衣化石非常稀少，以前报道的最早的地衣化石来自苏格兰约 4 亿年前的泥盆纪瑞尼燧石层中。在我国贵州省瓮安磷矿约 6 亿年前的黑色磷块岩中，发现了目前已知最古老的地衣化石，它们是由球状蓝藻和真菌组成的。该发现表明早在约 6 亿年前的海洋中，蓝藻与真菌已发展出了相互依存的共生关系，同时也预示着在维管植物登陆前的 2 亿年间，地衣可能已经对地表岩石圈进行了改造，并成为陆地生态系统建立的先行者。

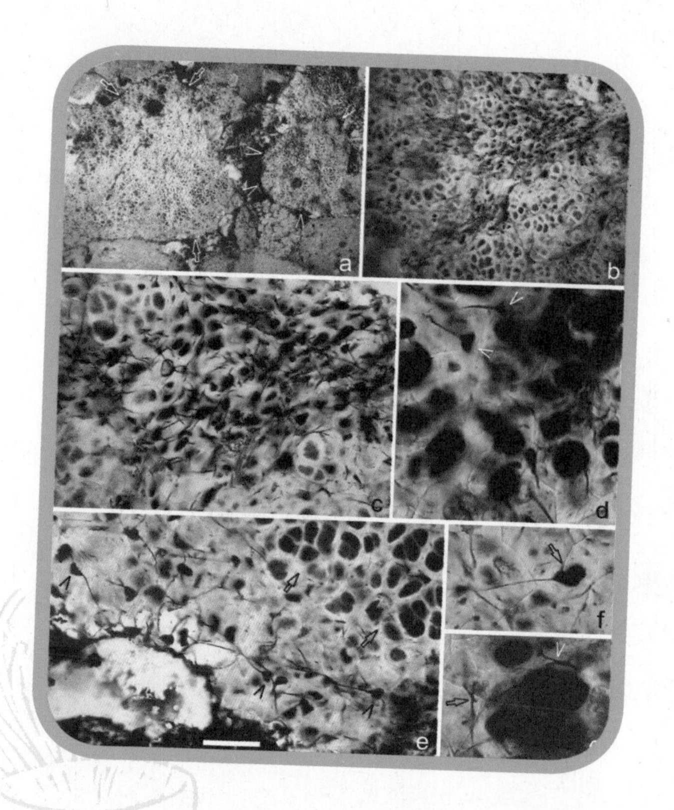

产自我国贵州省瓮安地区的迄今最早的地衣化石（袁训来供图）

再如，真菌除了能够与藻类共生形成地衣，它们与高等植物之间同样存在着密切的共生关系。土壤中的真菌与高等植物根系形成的一种共生体，即菌根，是自然界中普遍存在的一种共生现象。菌根的真菌菌丝体，一方面从寄主植物中吸收糖类等有机物质作为自己的营养，另一方面又从土壤中吸收养分、水分供给植物。化石证据表明，真菌与植物根系的共生可以追溯至晚古生代，在英国晚泥盆世瑞尼燧石层中便发现了菌根的踪迹，这表明在维管植物演化的早期阶段，真菌即已经与其形成了密切的共生关系，而这种共生关系可能为维管植物的发展演化提供了重要的推动力。

现代自然界中生物间共生的示例不胜枚举，诸如白蚁与鞭毛虫（白蚁用身体保护鞭毛虫，鞭毛虫帮助白蚁消化木材的纤维素），寄居蟹与海葵（海葵用毒液保护寄居蟹，寄居蟹协助海葵捕食），犀牛与犀牛鸟（犀牛鸟通过吃犀牛体表的寄生物帮助犀牛生活得更为舒适，而犀牛鸟则从中获取

食物）等。这些共生的示例都是在自然选择压力下，物种间形成的合作共赢的具体表现。

合作

生物物种之间的合作通常分为种内合作和种间合作两大类。一些种群具有高度社会化组织的动物（称为真社会性动物），是生物种内合作最具代表性的示例之一，它们具有三项共同特征，即繁殖分工、世代重叠和合作照顾未成熟个体。典型的真社会性动物主要见于昆虫类，包括昆虫纲膜翅目中的蚂蚁、蜜蜂、胡蜂以及等翅目中的白蚁。这些昆虫的巢穴中有一只或多只“女王”进行大部分的繁殖，其他成员则担任辅助性的士兵或工兵角色（如兵蚁或工蜂）。对一个蜂群而言，工蜂的主要职责主要是采集蜂蜜、抚育后代、保卫蜂巢及蜂王，它们并没有繁殖的能力和权力，甚至需要随时准备牺牲自己来防御入侵者，对个体而言它们在这种合作机制中似乎得不到任何好处，似乎并不符合生物进化的规律。但事实证明，“团结就是力量”，每个个体的力量是渺小的，但无数个体一起团结协作并合理分工便产生了巨大的力量。蚂蚁、蜜蜂等昆虫往往成百上千只生活在一起，组成一个大“家庭”，“家庭”成员之间分工合作。这类动物的合作机制极大地提高了种群适应环境的能力，从而在进化过程中获得更大的竞争优势。化石记录显示，白蚁是目前已知最为古老的社会性昆虫，其社会性起源于侏罗纪晚期，显著早于其他社会性昆虫。在中国云南禄丰侏罗纪地层埋藏的恐龙化石上发现了珍贵的疑似白蚁类在恐龙骨上觅食所留的遗迹化石，为白蚁这种最古老的社会性昆虫起源于侏罗纪或者更早的假说提供了化石证据。

不同物种之间在漫长的演化过程中形成了类型各异的合作及适应机制，它们相互影响、共同演化，这种机制引发了“协同进化”的产生。植物与植食性动物之间存在着以“取食与被取食”为核心的密切相互联系，在进化过程中，二者之间产生了典型的协同进化关系。比如，植物花粉的虫媒传播现象，往往是成群的蜜蜂在许多鲜艳的花朵上采集花蜜，并无意识地对植物进行授粉，这种无意识的行为恰恰是生物协同演化的体现及结果所在。开花植物（被子植物）与蜜源性昆虫（访花昆虫）之间的协同进化便是其中的典型代表。在早白垩世（距今约 1.3 亿 ~ 1.2 亿年），被子植物（开花植物）在植物界开始兴起并逐步占据统治地位，而这一植物界的重大革新事件带动了蜜源性昆虫的兴起。在我国辽西地区早白垩世地层发现的访花虻类昆虫化石，就间接证明被子植物在早白垩世已经出现，并与访花昆虫建立了协作关系。但是，需要注意的是，昆虫的传粉不仅限于被子植物，许多昆虫在裸子植物的传粉过程中也发挥了重要作用。例如，在东北地区侏罗系距今约 1.6 亿年的地层发现的昆虫（长喙蝎蛉）化石，揭示了被子植

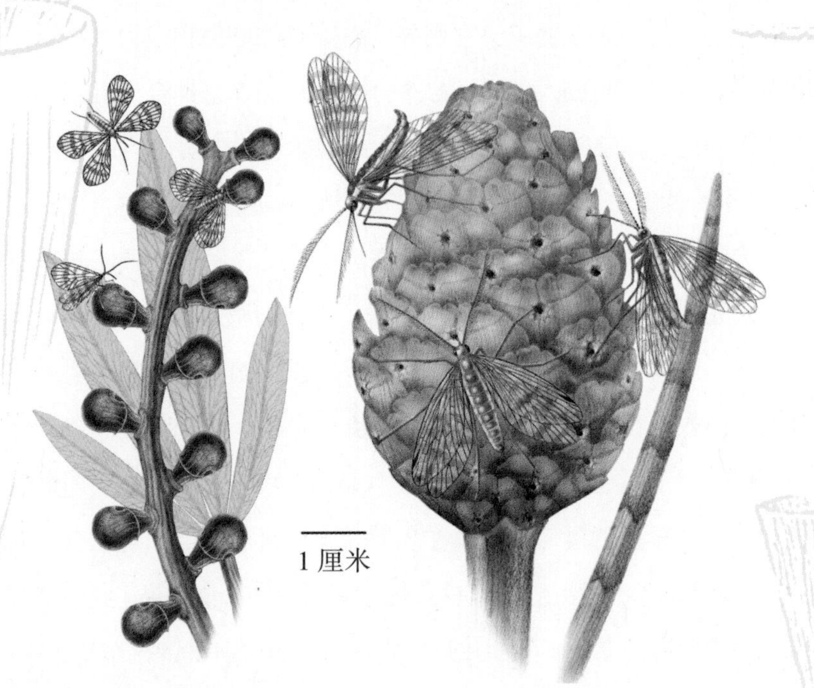

侏罗纪昆虫在裸子植物上取食和传粉的示意图（任东供图）

物大发展之前一种新的虫媒传粉模式，为探究昆虫与植物的协同演化提供了重要的化石证据。

除了传粉，植食动物与植物种子的传播之间也存在着密切的协同进化关系。植食动物在取食水果时将种子吞下，随后排泄到新的地方，一段时间之后，种子在适宜的条件下发芽，并成长为一棵新的植株。这种关系看似司空见惯，然而正是这简单的过程使许多植物种群得以延续并扩展分布范围。研究表明，这种进化关系对植物的进化产生了重要影响——直接影响水果和种子的颜色、形状、化学特性和结实的季节性。众所周知，南美洲热带雨林盛产各种颜色的野果，而许多树栖灵长类动物尤其偏爱黄色水果。研究表明，南美洲许多以水果为食的灵长类动物的视觉系统对黄色特别敏感，这一特性使其更容易发现黄色水果。这从一个侧面说明了动植物协同进化对水果颜色和动物生理特性的影响。

生命的竞争

王永栋　田　宁 / 文

生命的演化是一个非常复杂、综合且长期的过程，涉及不同物种之间、种群之间以及生物与环境之间的各种关系，既有互助与合作，又有竞争和斗争；既有相互适应，又有彼此影响。简而言之，自然界中的每一种生物都受到周围其他生物的影响，并形成不同的生存关系，包括竞争、捕食、寄生、共生、合作等关系。

必须面对的生存斗争

1859年，英国伟大的博物学家达尔文出版了名著《物种起源》，系统地阐述了他的进化思想。达尔文的进化论由个体变异、生存斗争与自然选择组成。后来，在1871年出版的《人类的由来》中又重点讨论了性选择的作用。自然界中的各种生物互相进行激烈的生存竞争，适应自然变化的就存活下来，不适应的就会灭亡。地球上林林总总的各类动物和植物，就是这样通过遗传、变异和自然选择，从而不断地演变。

竞争指两种或两种以上生物生活在一起，由于争夺资源、空间等而发生斗争的现象。导致生物生存竞争的原因主要包括：个体间的相互斗争，生物之间相互排挤或残杀，生物赖以生存的食物和空间有限等。比如，杂草和农作物争夺养料与生存空间，就会存在竞争的现象。

生存斗争与达尔文的自然选择密切相关。他认为在自然界里，各种生物彼此相互影响、相互制约、相互依存。每个生物在生活过程中必须跟自然环境做斗争（生物与无机自然条件之间的斗争）、跟同一物种的个体做斗争（种内斗争）、跟不同物种的个体做斗争（种间斗争），其中以同一物种的个体之间斗争最为激烈。达尔文在进化问题上最重视的是其中的第二条，即种内斗争。他认为，种内斗争与生物的变异组合起来，会产生适者生存，从而造成种的变化。

自然界中的生物，都会经过激烈的生存斗争来获得生存的机会。我们知道，无论在何种生态环境中，生物赖以生存的食物和空间是有限的，生物在获取食物和空间的过程中，就要进行生存斗争，如互相争食物和地盘，互相残杀和捕食。一种生物以另一种生物作为食物的现象，就是捕食关系，如七星瓢虫与蚜虫。达尔文认为，具有有利变异的个体，更容易在生存斗争中获胜而生存下去；反之，具有不利变异的个体，则往往在生存斗争中

失败而死亡。这就是说，凡是生存下来的生物都是适应环境的，而被淘汰的生物都是对环境不适应的。需要指出的是，自然选择过程是一个长期的、缓慢的、连续的过程。由于生存斗争不断地进行，因而自然选择也不断地进行，通过生存环境对生物一代代的选择作用，物种变异特征被逐步积累，于是性状逐渐和原来的祖先不同了，新的物种就形成了。由于生物所在的环境是多种多样的，因此，生物适应环境的方式也是多种多样的，所以，经过长期的自然选择，生物界的多样性就此形成了。

物种出现生存斗争的现象，在不同的地理区域均可以发生。在极端残酷的自然条件下，动植物种类虽然十分稀少，但是为争取有限的食物和空间，生存斗争往往也会很激烈。因此，无论在寒冷的极地或酷热的沙漠，抑或在富饶的热带雨林，均有激烈的斗争存在。

环境促进生物演化

生物与环境是一个不可分割的整体。在地球漫长的生命演化历史中，生物与环境之间的关系是非常密切的。一方面，生物的生命活动依靠环境得到物质和能量，得到信息和栖息所，所以生物离不开环境；另一方面，特定的环境也能促进生物的演化。比如，在约 5.2 亿年前发生的寒武纪生命大爆发促使许多现代海洋动物的祖先类群涌现出来，它们在适应捕食和逃避捕食的过程中，捕食双方就会在身体形态上发生变化。澄江生物群中的动物一般个体较小（体长仅仅 1 ~ 2 厘米），在长期的生存竞争中，大型化个体就出现了，比如奇虾动物最长的可达 2 米，是当之无愧的寒武纪海洋生物的霸主，这不仅使捕食者拥有更强大的攻击能力，而且使得猎物不易受捕食者的攻击。

放开那只皮皮虾，让“奇奇虾”来！

奇虾
（杨定华供图）

另外，在适应寒武纪大爆发的生存环境中，为有利于在生存中获得竞争优势，生物的器官也获得了大发展。我们可以形象地比喻，寒武纪时期就像是个“军备竞赛”的环境，为了更适应生存需要，动物之间竞争激烈，不断地进化自身的器官。古生物学家最近的研究发现，在寒武纪大爆发之前，生物大都没有眼睛，而且多数不会走动。寒武纪生命大爆发后，越来越多的动物开始有了眼睛，并且开始主动运动。最著名的例子是在寒武纪澄江生物群化石中，发现了保存完好的高度发达的复眼化石，表明在5.2 亿年前，寒武纪早期节肢动物已经拥有发达的视力。这样有利于捕食者对猎物的追捕和跟踪，也有利于猎物逃避捕食者的追捕，对于捕食者和猎物均有生存意义。研究还显示具有眼睛的动物 90% 以上都为节肢动物，它们大多是主动猎食者，把持着整个寒武纪海洋（节肢动物数量占整个寒武纪动物群的 40% 以上）。这表明眼睛的出现和复杂化，是促使生物多样性增加以及生存竞争和捕食压力增加的一个重要因素。

再如，在二叠纪与三叠纪之交的全球生物大灭绝事件，地球生态系统因出现火山活动、天体撞击地球等灾变环境而遭受了重创，绝大多数海洋生物由于无法适应恶化的环境而灭绝，但真菌化石在此类恶化环境中具有较强的竞争性，或者说，具有极强的耐受能力，故而适应生存下来，随后还出现了一定程度的爆发式的发展。

又如，植物在演化历史的早期阶段，刚摆脱对于水体的依赖，来到陆地上生活，维管植物必然要面临诸多新的生存环境与竞争问题，从而产生了一些关键性的革新，如出现了管胞、表

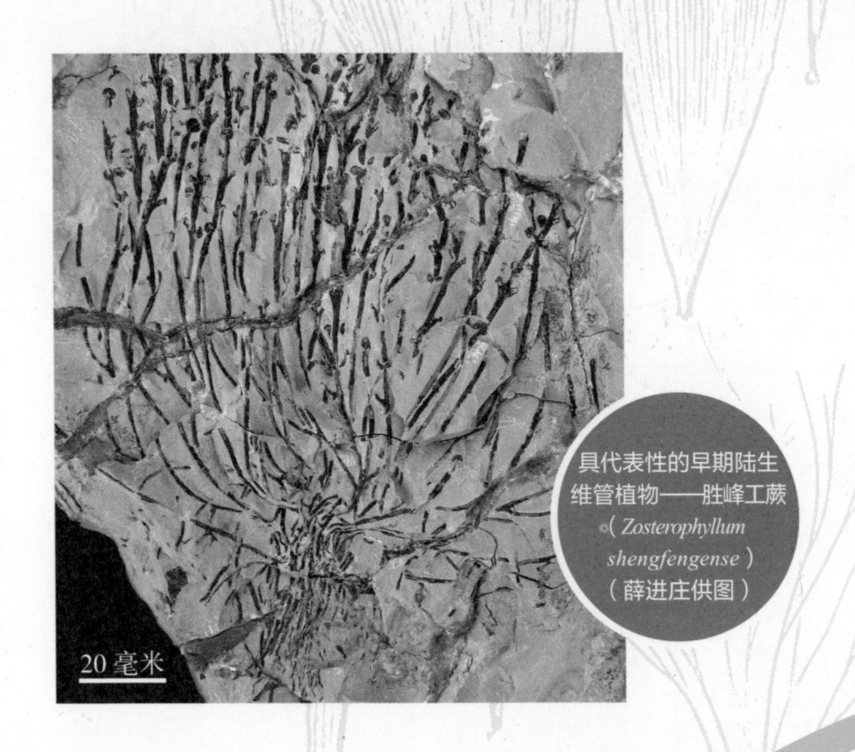

具代表性的早期陆生维管植物——胜峰工蕨（*Zosterophyllum shengfengense*）（薛进庄供图）

皮和气孔，孢子囊产生了孢子等，从而具有在陆地上长期生长所必需的支撑系统、水分和养分传输系统以及独立的繁殖系统等竞争优势，开始向远离水分的陆地地区进军，开启了陆地植物演化的漫长征程。

总而言之，无论是在现生生物中，还是在地球历史时期，动植物之间、生物与环境之间的竞争关系无处不在，伴随着生命演化的每个重要环节和事件，从而推动了生命演化漫长而精彩的过程。

胜峰工蕨复原图（薛进庄供图）

生命的坚守

冯伟民 / 文

生命之河源远流长，已经流淌了约38亿年。一路走来，既有细水漫流，也有激流险滩。生命之歌始终荡漾在地球的历史中。林林总总的生命演绎着“你方唱罢我登场”的舞台剧，延续着生命的辉煌，其中也时常闪耀着一些历久弥新、持之以恒、香火延续至今的物种。它们是生命长河中真正的勇士，经历了无数次危难的考验；它们是历史的见证者，目睹了生命的辉煌与湮灭；它们不改初衷，坚守使命，延续至今。

叠层石从广布到偏居一隅

蓝藻是地球上最早出现的一批原核生命。在澳大利亚北部匹尔巴拉地区轻变质的硅质叠层石中，发现了约35亿年前的丝状细菌和蓝藻的遗骸。太古代和元古代是藻类的时代，蓝藻留下的最显著的历史印记就是叠层石（stromatolite）。叠层石是前寒武纪未变质的碳酸盐沉积中最常见的一种“准化石”，是原核生物所建造的有机沉积结构。由于蓝藻等低等微生物的生命活动所引起的周期性矿物沉淀、沉积物的捕获和胶结作用，从而形成了叠层状的生物沉积构造。因纵剖面呈向上层层凸起，所以被命名为叠层石。

叠层石最早出现于距今35亿年的太古代，在元古代最为繁盛，遍布世界各地，此后开始了漫长的衰退过程。大约在距今20亿年、12.5亿年、10亿年、6.75亿年和4.50亿年，分别经历了五次大的衰退期，至今仍残留在澳大利亚等地极少数环境严酷的高盐地区。究其原因，与前寒武纪晚期动物的出现和成功演化有极大的关系，叠层石纹层中发现的钻孔和食草动物

叠层石（图片来源：壹图网）

留下的疤痕，充分表明了动物对叠层石的破坏作用。但是，科学家进一步研究表明，水化学条件的变化对漫长地质时代的数次大的衰退事件，可能具有关键性的影响。

海百合类从沐浴阳光到深海寻幽

海百合类最早出现于约 4.8 亿年前的奥陶纪早朝，在漫长的地质历史时期中，曾经几度（石炭纪和二叠纪）繁荣。在古生代石炭纪时，海百合数量相当庞大，品种繁多。它们与苔藓虫和腕足动物在海底形成草地般的大面积覆盖面，又如海底森林般地成为当时海洋生物繁盛的象征。但在二叠纪大灭绝和三叠纪大灭绝中，海百合类遭遇重创，迅速衰退。

古生代和中生代的海百合，大多营浅海底栖的生活方式。现生种的海百合类刚被重新发现时，是在深水海域中，所以初期人们以为它们迁居到了深海生存。后来发现，原来不论浅海或深海、热带珊瑚礁或高纬度海域，都能发现它们的踪迹。其属种数占各类棘皮动物总数的1/3，在现代海洋中生存的尚有700多种。

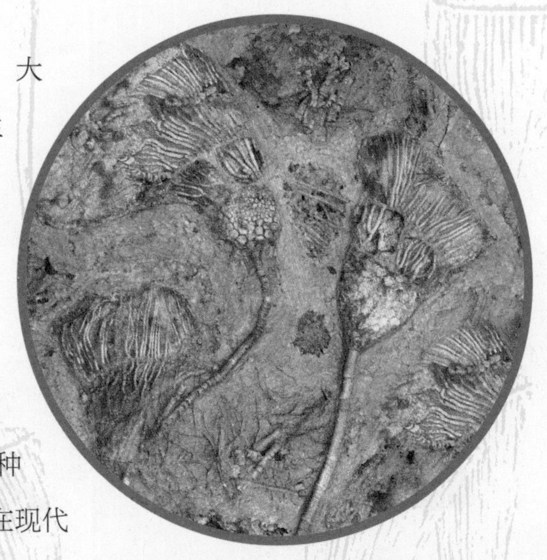

海百合化石（图片来源：壹图网）

单板类从浅海到深海

单板类属软体动物，背侧覆有一个单壳。壳体左右两侧对称，呈笠状、帽状、罩形、弓锥壳、平旋壳等。壳体内侧面留有呈对称排列的肌痕，肌痕的形状、大小、数目、排列位置及其功能，是单板纲分类的主要依据之一。

单板类可以追溯到5.4亿年前的早寒武世早期，广泛分布在中国、澳大利亚、欧洲、北美洲和西伯利亚地区。这些化石的壳体微小（一般小于1毫米）。中、晚寒武世的单板类壳体较大，演化也较迅速。奥陶纪和志留纪是单板类的繁盛时期，出现了许多新的属种，广泛分布于欧洲、北美洲和亚洲等地。到了泥盆纪，单板类趋向衰减，仅有极少数的属种被发现。

现生种于1952年在南美洲的深海中被首次发现。现已发现25个现生单板类种，均产自1000~6000米的深海。这表明，古生代广泛分布于浅海的单板类，如今已改变为适应于深海环境生活。现生单板类的发现，对研究贝类的起源与进化有着重大的意义。

寒武纪各种单板类

舌形贝类坚守海底不离不弃

具有长长肉茎固着在海底的舌形贝类最早出现在 5.2 亿年前的寒武纪早期，是延续至今、分布广泛的海生无脊椎腕足动物，也是古生物教科书上为数不多的活化石代表。

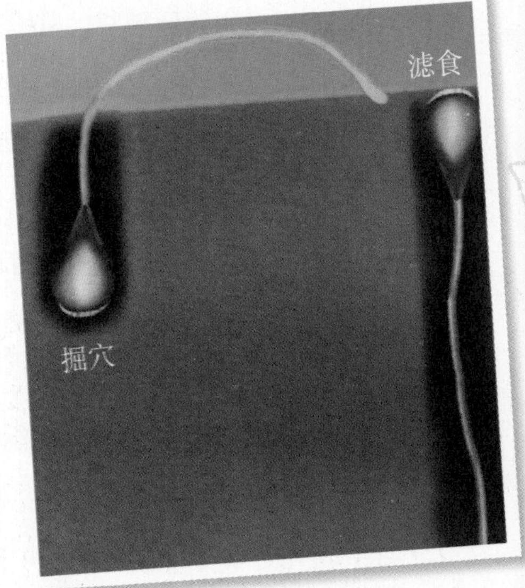

澄江生物群的舌形贝类
（陈均远供图）

舌形贝类习惯于底栖钻埋，它的身体包括成对的双壳和向后延伸的肉茎。舌形贝类直立生活在砂质胶结的洞穴中，通常仅留壳体最前缘暴露在沉积物表面。沿着暴露的壳体边缘，坚硬的刚毛形成 3 个孔状的结构，使壳体内外相连通。在掘穴开始时，它们首先通过体腔液的流体动力机制使肉茎变硬，然后

弯曲成弓形，从而使壳体后端抬起，前端与沉积物倾斜或高角度紧密接触，然后通过壳体进行钻穴活动。

5 亿多年来，舌形贝类在形态和习性上皆无本质改变。它们只栖息于海洋浅水环境中，大多数见于低盐、靠岸的潮间带中，因此，在地质环境和沉积研究中常被视为重要的指相化石。

拉蒂迈鱼从淡水河湖到海洋

拉蒂迈鱼是地球上残存的最古老的鱼类，许多科学家曾以为它们是在白垩纪末（6600 万年前）生物大灭绝中即已消亡的总鳍类中的一种腔棘鱼。腔棘鱼早在 4 亿年前的泥盆纪就已出现，曾经昌盛一时，分布在许多海域。但在白垩纪之后的地层中，科学家一直找不到它的踪影，因此认为这个登陆英雄可能已经告别了世间，全部灭绝了。所幸，在 1938 年圣诞节前夕，南非的博物馆员玛罗丽・考特内 – 拉蒂莫 (Marjorie Courtenay–Latimer) 在非洲南部的南非东伦敦港巡视渔民捕的鱼时，发现了这个失联已久的腔棘鱼，从而受到了全世界的瞩目。

原来，拉蒂迈鱼的祖先生活在容易干涸的淡水河湖中，那时，它们的主要呼吸器官是鼻孔和鳔。后来由于环境的变化，在三叠纪以后，它们来到了海洋，逐渐变成用鳃呼吸。

拉蒂迈鱼的身体圆厚，腹部宽大，嘴里生有锐利的牙齿，属肉食性动物，生殖方式为卵胎生。拉蒂迈鱼的鳍是肉质的，里边有骨骼，保留了从鱼类向陆生四足脊椎动物演化的过渡形态。这表明，拉蒂迈鱼不但能呼吸空气，而且能使用鳍来当作脚走路，这是鱼类向两栖类进化的重要证据。在约 3.6 亿年前的泥盆纪晚期，腔棘鱼的祖先正是凭借强壮的鳍爬上了陆地。经过一段时间的挣扎，其中的一支越来越适应陆地生活，成为真正的

在中国古动物馆展出的拉蒂迈鱼标本（王原供图）

四足动物，而另一支在陆地上屡受挫折，又重返大海，并在海洋中寻找到一个安静的角落，与陆地彻底告别。它就是拉蒂迈鱼，经过约 2 亿年的历程，一直残存至今。

显然，那些历经波折和磨难演化至今的生物界前辈，它们那份坚守和应对环境变化所采取的策略和方式，非常值得人类认真探究和学习。

生命的能量

冯伟民 / 文

地球的演化诞生了生命，生命的演化又深刻影响了地球表面的自然环境。约 38 亿年的生命史恰是生命与地球相互交融、互为影响，时而协同演化，时而不协同演化，有时甚至产生激烈抗争的历史。

令人惊叹的是，生命自诞生之日就显示了极强的力量，从原核生命到真核生命直至人类的出现，不断呈现着生命的奇迹，展示着生物巨大的底蕴和能量！演化无所不在，生命的力量到处显现。生物演化既是对大自然环境变化的适应性响应，也是改造大自然、产生新资源的过程，在无机界和有机界都产生了意义深远的影响。

有氧环境形成的效应

在生命诞生时，地球还是一个还原环境，地球表层的各种物质都以还原状态存在着。后来，随着蓝细菌的出现，地球表面也开始悄悄发生了变化。蓝细菌，别名蓝藻或蓝绿藻，它与细菌的区别在于细胞膜内有些叶绿素，所以它可以吸收二氧化碳和太阳光，进行光合作用，并制造出有机物供自己生存所需，同时释放出氧气。在地球早期的一段漫长时间里，它们可能是唯一的产氧生物。

蓝细菌不断地释放氧气，使大气有了游离氧的存在，并在高空形成臭氧层，减少紫外线对生物的威胁。同时，使大气和海洋开始变得氧化，从而极大地改变了地球的环境，并引发了一系列影响深远的地球演化事件，尤其是发生在 24 亿 ~ 22 亿年前和 7 亿 ~ 6 亿年前的两次大氧化事件，为真核生物登上历史舞台和多细胞生物一系列辐射事件奠定了基础。

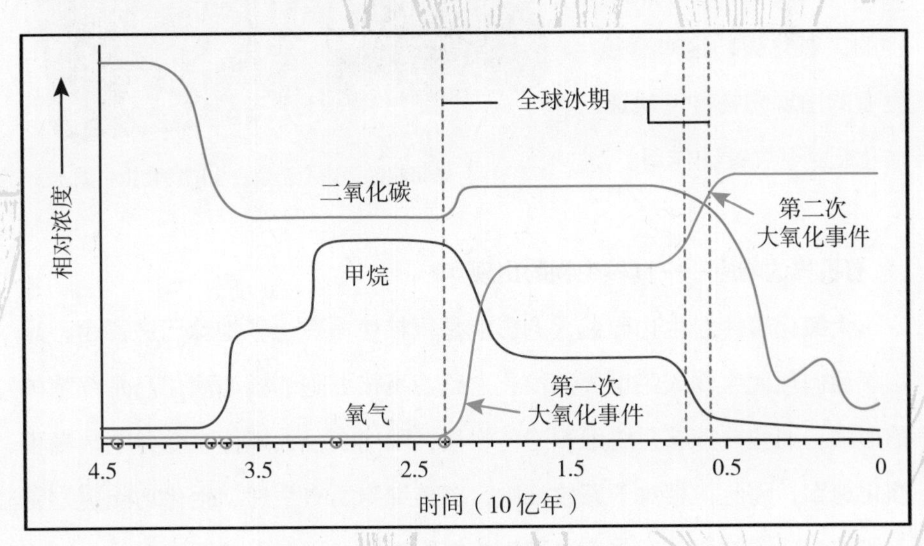

两次大氧化事件（引自卡斯汀，2004）

无机界的响应——条带状铁质建造

由于氧化作用，海洋浅层开始充溢氧气，对沉积作用产生了显著的影响。在距今 36 亿 ~18 亿年，在全球范围内广泛形成了条带状铁建造，这是地球上最古老的沉积岩石之一。条带状铁质建造需要大量的氧气，氧含量的增多使得原本可溶于水的二价铁离子被氧化成三价，进而形成了氧化铁沉积。因此，条带状铁建造的大规模形成实际上反映了地球早期最早一次大气或海水中氧气浓度的显著上升。当耗氧的条带状铁建造停止沉积时，氧气开始取代大气和海洋中的二氧化碳，这对真核生命的出现和物种的快速演化起到了关键的作用。

条带状铁建造（南京古生物博物馆供图）

有机界的响应——真核生物的出现

大氧化事件对生物界最大的影响是真核生命登上了地球历史舞台，开启了通向现代生物繁荣世界的演化之路。真核细胞的核心演化乃是细胞核的形成。细胞核能够系统组织遗传物质，因而会极大地提高变异的数量和演化速率。因此，相对于原核细胞，真核细胞具有生理、生化功能更为完善的结构或细胞器官。与病毒和原核细胞不同，所有真核细胞都是由一个细胞（胚、孢子）发育而来的，所以最早的真核生物应该是单细胞的原生

生物。真核生物进行的是有氧代谢，其真核细胞的有丝分裂本身就是一个需氧过程，而且真核生物不能很好地防御强烈的紫外线，只有在氧化大气圈形成的同时，臭氧层形成之后，地球才能适合真核生物的生存。因此真核生物登上地球历史舞台，表明大气圈中氧含量已经达到了一定程度。

有机矿产资源形成

有些沉积岩和沉积矿产本身就是生物直接形成的，如煤是由大量植物不断堆积埋葬而成的，石油、油页岩也主要由动植物的遗体（含微生物）转化而成。很多碳酸盐岩油田与生物礁相关，硅藻土由大量的硅藻硬壳堆积而成，有孔虫石灰岩由有孔虫形成，介壳石灰岩由贝壳形成，藻类灰岩由藻类形成。动植物的有机体还常富集铜、钴、铀、钒、锌、银等矿质元素。现代海水的铜含量仅有 0.001％，但不少软体动物和甲壳动物能大量地浓缩铜。含有浓缩矿物元素的古生物大量死亡、堆积、埋葬，就可能形成含矿层。细菌在很多方面影响着沉积作用，这是一个重要的地质作用因素，也是地壳地球化学循环的一个重要环节。细菌化石对沉积岩和沉积矿产的成因研究有着非常重要的作用。

煤矿

生物礁与石油

中东地区拥有世界上 2/3 的石油储量，这得益于蛤蜊这种软体动物，以及一系列地质事件的发生。当古代海洋生物死亡后，遗体被埋入沉积物。经过千万年地热的烘烤及上覆沉积物压力的作用，生物遗体残留的有机质发生化学变化，形成干酪根，这是一种碳氢化合物，比水还轻。这些碳氢化合物通常会向上运移，渗入土壤或水中消散掉。但是当部分碳氢化合物渗透到疏松的岩层，而上部又有致密岩层阻挡时，便会聚集到一起，形成油气田。因此，中东地区的石油储备丰富，其实是得益于有利的岩层组合。

采油

厚壳蛤具有巨大的带有瘤刺的双壳，它们在海底堆积成绵延数百千米的生物礁。厚壳蛤形成的生物礁不仅提供了大量生物有机质，而且因为其疏松多孔，所以成了存储石油的绝佳场所。目前，在伊朗西南部的大陆架上、阿联酋海岸、利比亚东部的奥里亚及沙特都发现了许多储量丰富的大油田，很多都与厚壳蛤形成的生物礁有关。

土壤的形成

土壤是人类赖以生存的基础，是农作物生长的根基。在土壤形成的因素中，生物因素是最活跃的，因为它是土壤有机物质的来源，对土壤的形成过程至关重要。

早在前寒武纪末，地衣率先对地表进行了改造。寒武纪时代，活跃在海陆交互地带的似苔藓植物开始了艰难的登陆过程，直到志留纪，真正的维管植物开始扩散到大陆地区，地表出现了微妙的变化，土壤产生了！

那么，生物作用对土壤究竟产生了哪些影响呢？岩石表面在适宜的日照和湿度条件下滋生出苔藓类生物，它们依靠雨水中溶解的微量岩石矿物质得以生长，同时产生大量分泌物对岩石进行化学、生物风化，岩石表面慢慢形成了土壤。另外，植物以枯枝落叶和残体的形式将有机养分归还给地表。动物除了以排泄物、分泌物和残体的形式为土壤提供有机质，并通过啃食和搬运促进有机残体的转化，有些动物如蚯蚓、白蚁还可通过对土体的搅动，改变土壤结构、孔隙度和土层排列等。微生物在成土过程中则是分解和转化有机残体以及合成腐殖质。

总之，生命在演化进程中，总是不断释放出潜在的能量，在适应地球环境变化的同时，也在悄然影响和改变着外部环境和自身发展。

生命的潜伏

冯伟民 / 文

古菌、细菌和真核生命是地球生命的三大域，是生物界最顶层的分类阶元。在 24 亿 ~ 22 亿年前的第一次大氧化事件中，随着真核生物的出现，生物界的三大域已然形成。而组成当今地球生物圈的我们所熟悉的各个门纲生物类别，除了极少数如海绵动物和刺胞动物等，都是在 5.2 亿年前寒武纪生命大爆发时才涌现出来的。这些生物类型都是真核生命的一部分，在庞大的生命大树上仅仅占据冠部一角。另外，我们所关注的显生宙历次全球性生物大灭绝，尽管对生物界而言是极其惨烈的，但也是局限在有光生物带宏体生物的范畴内，不仅没有触及生物界的另一部分——黑暗生物群，而且也没有影响到生命大树的根部。

那么，生命的根基又是由哪些生物组成的呢？它们潜伏在哪里？现代科技的进步和生物学的新发现告诉我们，占据地球生命大树绝大多数的是微生物，就是那些看起来微不足道的小不点儿。显然，正是这些无处不在的微生物组成了我们地球生物圈的基础和根本，它们不仅遍布于我们的身体、我们周围的一切，即便在远离我们，难以触及的热液、冷泉，深部生物圈、南极冰层，或是火山、云层、洞穴、大陆深部和地表热泉等，都可以发现它们的踪影。微生物的组成极其庞大，新陈代谢非常多样。它们尽心尽责地潜伏在人类肉眼可见的视域之外，为不计其数的宏体生物提供源源不断的营养，忠实地守护着地球生命家园的每一寸土地。

“黑烟囱”与热液生物群

20 世纪生物学最重要的发现之一是深海“黑烟囱”。1977 年和 1979 年，美国的“阿尔文号”深潜器两次潜到了东太平洋海沟 2000 多米的地方。通过对“黑烟囱”管壁取样的分析，在电子显微镜下可以看到其表面密密麻麻的硫细菌。甚至在热泉中也能采集到这种鲜活的硫细菌。它们也会随着附着的碎片像雪花一样飘散在海水中。这批来自“地狱”的生灵，四处散逸，到处乱逛，甚至钻进宏体生物的“肚皮”里，充满了奇幻！而且其周围形成一个高温、高压、高重金属浓度的极端环境，分布着各种各样的奇特生物，它们共同组成了海底生物奇观，即深海热液生物群。深海热液生物主要包括细菌（如硫细菌）、古菌、病毒（多数学者认为病毒不是生物）、蠕虫、贝类、蟹类、虾类、蔓足类、鱼类等各类生物。硫细菌就像一个能量传输带，源源不断地从海底随着热液喷薄而出，为周围的海洋生物提供取之不尽的营养来源。

科学家研究发现，在“黑烟囱”壳壁上生存着极端嗜热细菌和其他生物，而且，由“黑烟囱”喷口向外形成的温度梯度和化学梯度以及高温、还原性环境很接近前生命化学进化与生命起源所要求的条件。于是，20 世纪 80 年代末德国科学家提出了海底热液环境生命起源学说。

甲烷柱与冷泉生物群

深海“黑暗食物链”并不以热液为限。在大陆坡、深海区分布着天然气水合物，即可燃冰。一旦海底升温或减压，就会释出大量的甲烷，可以在海水中形成甲烷柱，被科学家称为“冷泉”。在冷泉附近就可以形成特殊的生物群落。冷泉是海底可燃冰的产物之一，在冷泉附近往往发育着依赖这些流体生存的冷泉生物群，又称为“碳氢化合物生物群落”，这也是一种独特的黑暗生物群，最常见的有管状蠕虫、双壳类、腹足类和微生物菌等。寻找冷泉及其伴生的黑暗生物群是确认可燃冰存在的有力证据。天然气水合物释放区的生物群也是类似于热液生物群的独立生态系统，其食物链低层生物也是一种管状蠕虫，依靠甲烷细菌提供能量。

深部生物圈

1987 年，美国为检验深埋地下核废料的安全程度，组织了“地下科学计划”，在地下 2800 米处发现了活的细菌。20 世纪 90 年代后，石油钻探和大洋钻探分别在北海和太平洋底深部地层的各类岩样中，甚至在玄武岩火山玻璃中发现了微生物，有时每立方厘米沉积物中竟有 1000 多万个活细菌。显然，在地壳深部存在一个覆盖全球的深部生物圈。

这种深部生物圈虽然都由微小的原核生物组成，却有极大的数量，有人估计其生物量相当于全球地表生物总量的 1/10，占全球微生物总量的 2/3。海洋生物量的 90% 属于微生物，深海海底每立方厘米沉积物里的原核生物（细菌加古菌）个体数，近海底是 10^8 个，到沉积层底部是 10^6 个，有甲烷等出现时可达 10^{10} 个。原核生物在大洋中的生物量超过 90%。洋底以下 500 米以内的地层中平均含微生物为 1.5 吨 / 公顷，全球洋底以下的微生物量相当于地球表层生物圈的 1/10。太平洋海底玄武岩中的细菌，依靠玄武岩风化产生的能量丰度是上覆沉积岩的 3~4 倍。

因此，不仅整个海洋生态系统的基础是微生物，而且全世界 30% 鲜活的生物量“埋没”在海底之下，即地下的深部生物圈里！

大陆深部的微生物

在深部生物圈极端特殊的条件下存在着许多化能自养微生物，它们新陈代谢极端缓慢，极少消耗能量，长期处于休眠状态，都是些极其高龄的生物。有人对 4000 万年前被密闭在琥珀中的蜜蜂体内的细菌进行培养后，细菌居然“活”了过来；又有人在新墨西哥州地下 600 米处，2.5 亿年前的结晶盐中找到了处于假死状态的细菌。人们将此类“嗜极微生物”统称为“古细菌”，其中有嗜热硫细菌、甲烷细菌及嗜盐细菌等。另外，科学家从 2500 万年前琥珀中的无刺蜂里，提取出了肠菌（*Bacillus*）并培养成功。此后还从琥珀中分析出了 2000 种细菌。

地表上的微生物

地球极端环境下的生命现象并不局限于深海，科学家从深海、冰川冻土、地下水、洞穴和热泉等极端环境中，都可能发现和分离出一些重要的微生物。细菌还在大气层里传播，能促进冰晶形成，直接影响降雨、降雪。显然，海洋沉积物、洋壳、热液口以及冷泉等性质迥异的地质结构环境，造就了丰富的生物多样性，构成了地球上最大的微生物生态系统。而且，地球上存在多种多样的极端环境，如极高温、极低温、高压、高盐、高放射性和极度酸碱性等，生活在这些环境中的生物的响应和反馈作用，引起了科学界的极大关注，但是，由于环境中 99% 以上的微生物没有已培养的亲缘种，因此对深海微生物的多样性、生理功能特性以及生物地球化学作用的理解和研究，仍然存在巨大的挑战。

总之，我们用肉眼，甚至用光学显微镜所见到的生命现象，只是地球生态系统的上层，仅占生物圈的一小部分。那些默默无闻、长期潜伏、连细胞核都没有的原核生物，才是我们地球生命家园的守护神。

2019年，时值生物演化理论创立者达尔文诞辰210周年和《物种起源》出版160周年。经过100多年、无数学者的努力探索，演化论已经成为深刻影响生物学、心理学、医学、农学、经济学，乃至计算机科学的重要理论，同时也成了人人必备的知识。

斯宾塞讲座是牛津大学开展的一个传统的学术活动，一年举办一次，通常都是由一位学者针对一个主题发表一系列演讲。1973年的斯宾塞讲座与往年不同，共邀请了六位杰出学者围绕“科学进步”这一主题进行演讲。这些演讲的内容后来辑录在《科学革命的问题》一书中于1975年出版。

1973年斯宾塞讲座的六位演讲人之一——莫诺，是法国生物化学家，于1965年获诺贝尔生理学或医学奖，他演讲的题目是“关于演化的分子理论”，其中有一句话被广为流传：“演化理论奇怪的另一面是人人都以为自己懂它。”

虽然，莫诺后面补充说明了“每一个人”指哲学家、社会学家等。然而，这句话却道出了演化论的无穷奥秘和所面临的窘境，似乎每个人都可以对演化论说三道四，然而，真正深刻理解演化论的人却并不多。由此也就产生了对于演化论的种种误解。今天，距离莫诺的演讲已过去了约50年，我们对于生命世界的认识有了长足的进步，对于生命演化的历史也有了更深入的了解，然而公众对于演化论的种种误解却依然如故。

演化的认识

演化与进化

傅　强 / 文

“演化”和“进化”是两个常见的词，然而它们在各种语境中的真实含义却差别很大。其实，对于生物学而言，演化或进化的概念完全是“舶来品”，来自对生命现象的认识，是对英文单词 evolution 的中译。

生命自大约 38 亿年前在地球上诞生以来，历经无数波折，一直走到今天。地球就像一个大舞台，各种生命形式轮番出演，你方唱罢我登场，成就了波澜壮阔的生命历史。用一个词来描述这一宏大的史诗，那就是演化（进化）—— evolution。

在中文中，与 evolution 对应的词有两个，即“进化”和“演化”。无论是进化还是演化，在中国古代文献中都是不存在的，也就是说中国古代并无描述生物如何产生、发展和变化的概念。因此对于 evolution 的翻译，采用哪个词并不重要，重要的是对其概念的解释。1984 年，在上海辞书出版社出版的由刘正谈、高名凯等编撰的《汉语外来词词典》中，收录了“进化”和“进化论”两个词条，其中对“进化”的解释只有一句短语：“事物由简单到复杂，由低级到高级的逐渐变化。”

进一步考察各种中文、各种版本的词典，对“进化”的定义几乎完全一样，均指“生物（事物）由简单到复杂，由低级到高级的逐渐变化”。而“演化”的含义则比进化更为宽泛，意为“发展变化”，并均将其作为“进化”的同义词。

在中文中，“进化”的“进”由于具有“前进”“进步”之意，因此会造成一定的误解，以至于很多学者提出：应该用“演化”替代“进化”一词，认为这样更符合原意。

实际上，在中文语境中造成误解的并非哪个词语，而是对该词语的解释和概念的界定。在英文的词典或教材中，有关演化的定义往往与中文词典不同。究其根源，evolution 一词源于拉丁文 evolvere，意为把卷起来的东西“展开或显现”，指展现隐藏的潜力。在英文中，evolution 一词的含义也是在不断变化的，且最初达尔文在阐明演化论的《物种起源》一书中，实际上并未用到该词，而是用的“带有饰变的传代”（descent with modification）。

在 2014 年出版的、由一众著名学者编写的《普林斯顿演化导论》一书中，是这样表述的：“演化指随着时间的推移，物种产生变异并分歧产生多样的后代物种的变化。”2017 年，在由道格拉斯·福图玛（Douglas J. Futuyma）和马克·柯克帕特里克（Mark Kirkpatrick）出版的经典教材《演化》第 4 版中，是这样定义的：“生物（或有机体）演化指在代际繁衍过程中生物群性状的遗传变化。”

在中国知网的数据库中，分别以“演化”和“进化”为关键词进行主题搜索（2019 年 5 月 5 日），得到的结果分别是 216146 条和 49806 条；进行篇名搜索，得到的结果分别是 273503 条和 20505 条。可见“演化”比“进化”应用的范围广得多，且有关“演化”的文献多与地质有关，而与生物的关联则较少，相反，“进化”则主要是与生物、遗传有关。

此外，在中国知网的数据库中，分别以“生物演化”和“生物进化”为关键词进行主题搜索（2019 年 5 月 5 日），找到的结果分别是 692 条和 1833 条。可见，现在在实际应用中，“生物进化”更为普遍。因此，在 evolution 一词的中文选择上，如果改选“演化”一词，我们的词典和教材还需要进一步区分和明确，以期更符合其真实的含义。

演化的趋势

傅　强 / 文

几乎在所有的中文叙述中，演化（进化）都被定义为“由简单到复杂，由低级到高级的逐渐变化”。单纯从生命宏观的历史来看，最早的生命是简单的、个体很小的单细胞生物，随着时间的推移，多细胞生物、陆生植物、巨大的恐龙、聪明的灵长类等更加复杂的生物才慢慢出现。这样一种现象是客观存在的，也就自然而然地让人们产生“生物演化的趋势是越来越复杂的，是从低级到高级的”这样一种误解。

然而复杂与简单、高级与低级都是相对的概念，在一个演化序列上，从简单到复杂、从复杂到简单都是存在的。

笔石动物是一类早已灭绝的海生群体动物，属于极为原始的半索动物门。由于笔石进化的速度快，分布广泛，化石丰富，在奥陶纪和志留纪的地层对比中具有重要的作用。笔石主要有两大类，树形笔石类和正笔石类。树形笔石类出现于5亿多年前的寒武纪中期，延续到3.2亿年前的早石炭世末期灭绝，大约延续了2亿年之久。正笔石类是从树形笔石类演化来的，发生于约4.8亿年前的奥陶纪初，延续到约4亿年前的早泥盆世末灭绝，共延续近1亿年。

从寒武纪到石炭纪，笔石动物经历了发生、发展、兴盛、繁衍、衰落以至灭绝的演化过程。笔石的研究历史悠久，至今已有250多年的历史，经由各国笔石学家的努力，人们对笔石的演化有了较深刻的认识。笔石演化的独特之处是，在形态上总体上是由复杂向简单发展的。一般来说，这一演化趋向是相当明显的。原始的笔石，笔石枝很多，多的可达数十枝；随着时间的推移，后来者，笔石枝越来越少，少至仅有一枝。从树形笔石到正笔石，从无轴笔石到有轴笔石，从双列笔石到单列笔石，都是从复杂

变向简单的。

在寒武纪生活的主要是树形笔石，它们生活在正常浅海，固着于海底，像小灌木一样向上生长。从奥陶纪到志留纪是笔石的兴盛时期，从奥陶纪开始，大量营浮游生活的笔石出现，笔石枝间的横靶逐渐消失，笔石枝减少，形成一类营浮漂生活的正笔石式的树形笔石。这些正笔石式树形笔石的副胞管逐渐退缩，便演化成为正笔石类，正笔石类的出现是笔石演化史上的重大事件。正笔石发生后，演化快、分布广，很快达到笔石动物的极盛时期。正笔石类演化的总趋向是笔石体的简化。笔石动物演化到志留纪，单列有轴正笔石高度发展，这些简单的笔石体利于在海水表层漂浮，可以随波逐流到世界各个海域。志留纪后，正笔石类和树形笔石类都显著减少，趋向衰落。泥盆纪初期，极盛一时的正笔石类显著减少，且逐渐特化，以至灭绝。比较保守的树形笔石类延续到石炭纪，种属少，分布零星，到早石炭世末期灭绝。笔石动物的全部历史就此结束。

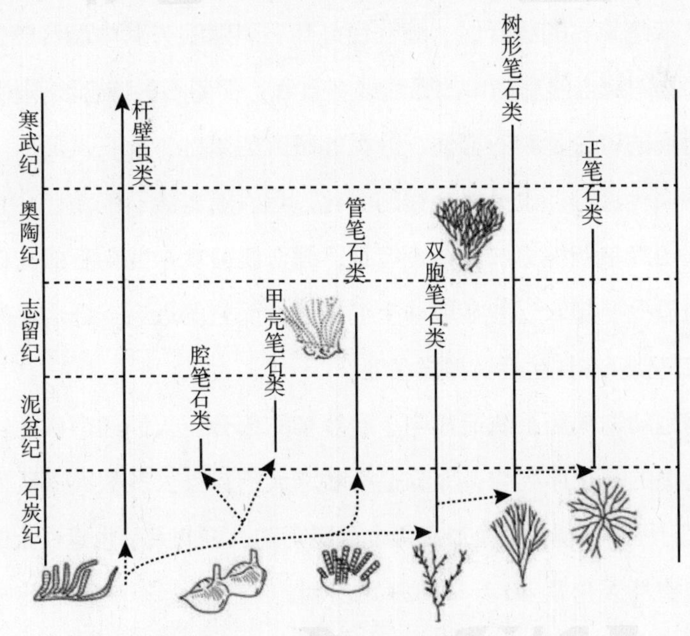

笔石的演化（引自里卡兹和杜尔曼，2006）

在笔石从复杂到简单的演化大背景下，有些笔石却恰恰相反，是从简单变向复杂，其笔石枝不是缩减，而是转向增多。例如，从奥陶纪初期到志留纪末期，在正笔石的演变过程中，复杂化的笔石体曾经数次出现。最明显的例子就是，早奥陶世后期翼笔石科的出现，中奥陶世及晚奥陶世期间肋笔石亚科的出现，以及志留纪时期弓笔石亚科的出现。有趣的是，所有这些复杂化的笔石类群，在环境稍有变化之后，就全部灭绝了。

菊石作为一类已灭绝的头足动物，与现在海洋中依然生活的鹦鹉螺是近亲，在地质历史中存在了将近 3.4 亿年。最早的菊石出现在大约 4 亿年前的泥盆纪初期，并在晚古生代有了一定程度的发展，历经二叠纪－三叠纪这次地史时期最大规模的灭绝事件后，菊石类动物迅速复苏，到侏罗纪和白垩纪的时候发展到顶峰，成为与恐龙齐名的中生代代表生物。然而在白垩纪末的又一次大规模生物灭绝事件中，它们也与恐龙一起消失得无影无踪。

当我们拿到一个菊石，首先会看到其表面存在很多漂亮的曲线和花纹，这些花纹就是菊石的缝合线。缝合线是菊石隔壁跟壳壁内面接触的线。其他头足动物的缝合线呈简单的弧线或者直线，但菊石的缝合线则相当复杂，对于缝合线的讨论是菊石描述、分类等研究的基础。菊石从最早出现到最后灭亡的演化过程，也是缝合线的变化过程。随着菊石的演化，它们身上的缝合线由简单变得更加复杂。但是，缝合线最复杂的菊石却在白垩纪大灭绝中与恐龙一起永远地在地球上消失了，而它的近亲、缝合线简单的鹦鹉螺类却直到现在还生活在海洋深处。

大脑是动物神经系统最集中、最复杂的部分。人们通常认为，在从鱼类到灵长类的演化序列中，大脑是不断增大的，且大多数人还认为，在人类的演化历程中，现代人是最高级、最聪明的，因此大脑也是最大的。

尼安德特人是从 40 万年前开始出现、约在 4 万年前灭绝的一种古人类，它们曾遍布欧洲、从亚洲西南部到中亚的广大地区。尼安德特人身高

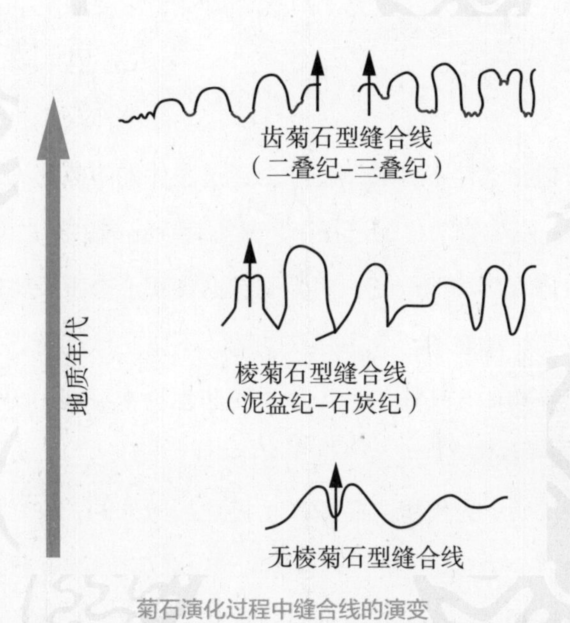

菊石演化过程中缝合线的演变

1.5~1.6 米，身体粗壮，额头扁平，具有适应寒冷气候的解剖特征。

按通常的理解，尼安德特人出现得比智人早，且早已灭绝，是智人的手下败将，他们的大脑应该比智人的小。然而，研究显示，尼安德特人的大脑与智人的大脑一样大，甚至还更大一些，与他们更健壮的身体成比例。尼安德特人不仅发育出了较大的大脑，而且已经具备了发展到一定程度的文明，已经开始化妆，知道埋葬死者，甚至开始奉行某种原始的宗教。可最终的事实却是，尼安德特人在与现代人共存了十几万年后，在大约 4 万年前逐渐消亡了。需要说明：古 DNA 研究揭示，尼安德特人可以与现代人及丹尼索瓦人混血，或许代表了早期智人的一个分支。

可见，在生命演化历史中，在不同生物类群之间，实无“低级”与“高级”之分，复杂和简单也并不是衡量或评判生命适应成功与否的标准。

演化与进步

傅　强 / 文

进步一般指在条件不变的情况下，通过主体的不断努力，自身状态不断提升的过程。在生物演化的过程中，是不存在这样的努力或主观意识的。演化则是生命体因环境的改变，代际间在遗传和形态上发生的适应环境的改变，这种改变是动态的，大多是被动的，不以主体的意志为转移。衡量生物演化的是生物体与环境的适应度，而非生物本身结构的复杂度。适应和演化永远都是相对的。

我们举例说明。大彗星兰是原产于马达加斯加的一种兰科植物，其花朵上长有一个“令人惊骇”的巨长花距。1862 年 1 月 25 日，达尔文怀着以往的喜悦，打开了一个装有来自马达加斯加的兰花标本的包裹。看到在包裹中兰花标本的花上，竟然有一个从唇瓣基部向后延伸长达 30 厘米的花距，达尔文不由失声惊叹：“天哪！什么样的虫子才能吸取花距中的蜜液呢？”于是，达尔文大胆预测：“既然有这么长的花距，那么在马达加斯加一定生活着一种口器长度相当的天蛾为其传粉！”达尔文提出的这个“天才预言”，虽然遭到了当时部分昆虫学家的炮轰，但也深深地吸引着许多博物学家前赴后继地去探寻。此外，现代进化论的共同建立者华莱士在 1867 年将达尔文预测的传粉天蛾的口器长度提高了一倍。多年以后，一位探险家终于在马达加斯加发现了长喙天蛾的存在，从昆虫学的角度证实了达尔文的预言。

大彗星兰与马岛长喙天蛾间精妙的适应性演化堪称完美。然而，如果脱离对方的存在，无论是大彗星兰还是马岛长喙天蛾都将是演化的失败者。因为没有了对方的存在和帮助，它们都将无法生存下去。这不，在马达加

在马达加斯加丛林中，
天蛾为大彗星兰授粉

本图为托马斯·威廉·伍德（Thomas William Wood）基于阿尔弗雷德·拉塞尔·华莱士描述绘制的插图，显示了一种蛾子在为大彗星兰授粉。这是华莱士的推测，绘制该图时长喙天蛾尚未被发现

斯加还生活着一种与大彗星兰同属的兰花，其花距更长，长达 40 厘米。于是，学者们预测在马达加斯加应该还存在着一种未知的大型蛾类，其喙长达 38 厘米！然而，这个预测至今未被证实。这种兰花在野外业已绝迹了，只是靠人工栽培才侥幸存活了下来。它们在野外的绝迹可能与其独特的传粉者的消失有关。因为至今没有找到那种奇特的、喙长达 38 厘米的天蛾。

鬼脸天蛾是一种躯体肥大的昆虫，长得十分古怪，胸部背侧斑纹似眼似鼻，呈骷髅形，诡异且狰狞，活似一张鬼脸。鬼脸天蛾不但长相特别，且十分狡猾，其成虫以花蜜及蜂蜜等为食，常取食蜂房里的蜂蜜。鬼脸天蛾有项奇特的本领，它会模仿年轻蜂王的“嗓音”，发出一种特别急促的声音，不费吹灰之力，便潜入了蜂房，尽情地享受甜美的蜂蜜。鬼脸天蛾不仅会伪装窃蜜，也能强行占领蜂巢。当它闻到蜂蜜香味，便从巢门或裂缝中潜入箱内，用翅膀拍打蜜蜂，由于鬼脸天蛾躯体坚硬，蜜蜂难以抵抗，往往会造成大量伤亡，鬼脸天蛾强行占据蜂巢并盗蜜，是一位不折不扣的狡猾猎手。

鬼脸天蛾
图片来源：托马斯·布朗的
《蝴蝶、天蛾与飞蛾之书》

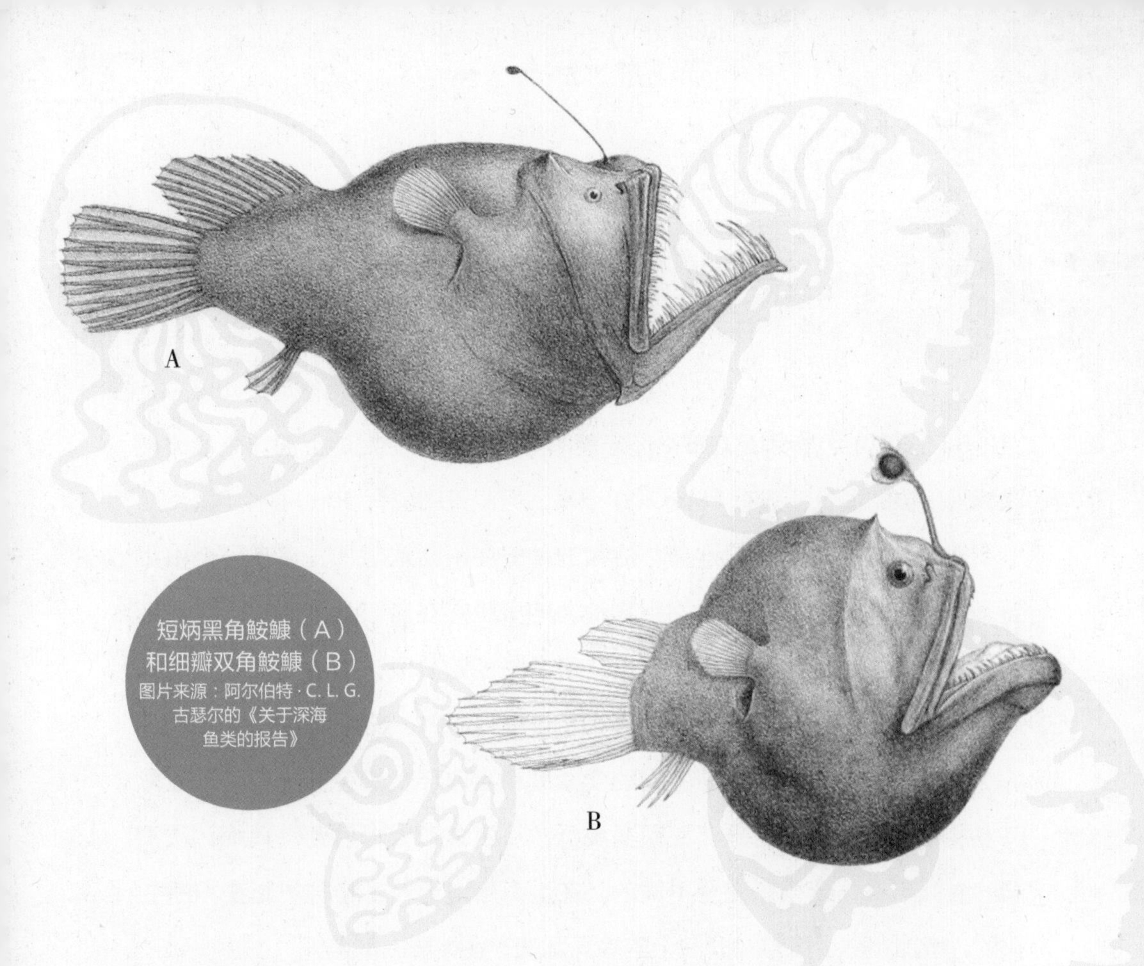

短炳黑角鮟鱇（A）和细瓣双角鮟鱇（B）
图片来源：阿尔伯特·C. L. G. 古瑟尔的《关于深海鱼类的报告》

鮟鱇是一种分布广泛的世界性鱼类，一般生活在热带和亚热带深海水域。鮟鱇最大的特点就是头部上方有个肉状突起，形似小灯笼，是鮟鱇鱼的第一背鳍逐渐向上延伸形成的。小灯笼之所以会发光，是因为里面寄生着一些发光的细菌。鮟鱇鱼头顶上这根不时发出闪光"钓竿"，会引来深海中很多趋光性的鱼类，配合其长满犬齿状牙齿的大嘴巴，基本上就可以"守株待兔"，坐等美味送到口边了。

无论是鬼脸天蛾还是鮟鱇鱼，它们演化出的精巧器官堪称完美，是当之无愧的演化的胜利者。但实际上，所有这些适应性都只是暂时的，只要环境或者周围的伴生生物发生变化，它们都会变得不堪一击。

因此，在生物演化的道路上，哪有绝对的完美？

种类的变化

傅 强 / 文

5 亿多年前，特别是在 5.4 亿年前的显生宙之初，地球上海洋生命类型以属为单位的很少，只有 100~200 个属，但今天则已有 4000 多个属。

很明显，随着时间的推移，生物的种类在不断地增加，存在一个由少到多的趋势。然而，不同时期生物种类的多少存在着很大的变化，在 5 亿多年的历史中，生物种类多样性存在很多降低的阶段。如果我们将时间框定在距今 4 亿 ~2.5 亿年，生物的种类不仅没有增加，反而减少了。

可见生物种类的多少与生物的变异度和当时环境的容载量相关，生命的发展不是线性的，而是存在很多波折，从生命的大辐射到大灭绝，从不同的时间点看，结果是完全不同的。在生命历史上，生物种类是在不断变化的，增加和减少既存在时间上的差异，又存在类群上的差异。

如果从不同生物群的角度去看，生命的发展史存在一个起源后不断繁盛，种类不断增加，然后进入衰退的过程。之所以现在生存的生物种类如此之多，可能是因为正处于现代动物群发展的顶峰，无法排除将来进入下降通道。

生命的大灭绝和大辐射，是生命历史宏大篇章中的两大主题，往往相伴而生，交替出现。生命与环境是统一体，当环境发生巨变时，原本与当时环境高度适应的生物就会走向衰退，甚至灭绝。之后，大量的生态位出现空缺，为生命的辐射提供了巨大的机会，在这时，每一个生物类群都会出现变异度潜力的释放，从而大大促进生物类群的多样化。然而，当生态空间趋于饱和之后，很多生物类群又会面临变异度枯竭的情况，从而出现多样性趋于平稳的局面，直至下一次环境和生物类型相互关系的重构。

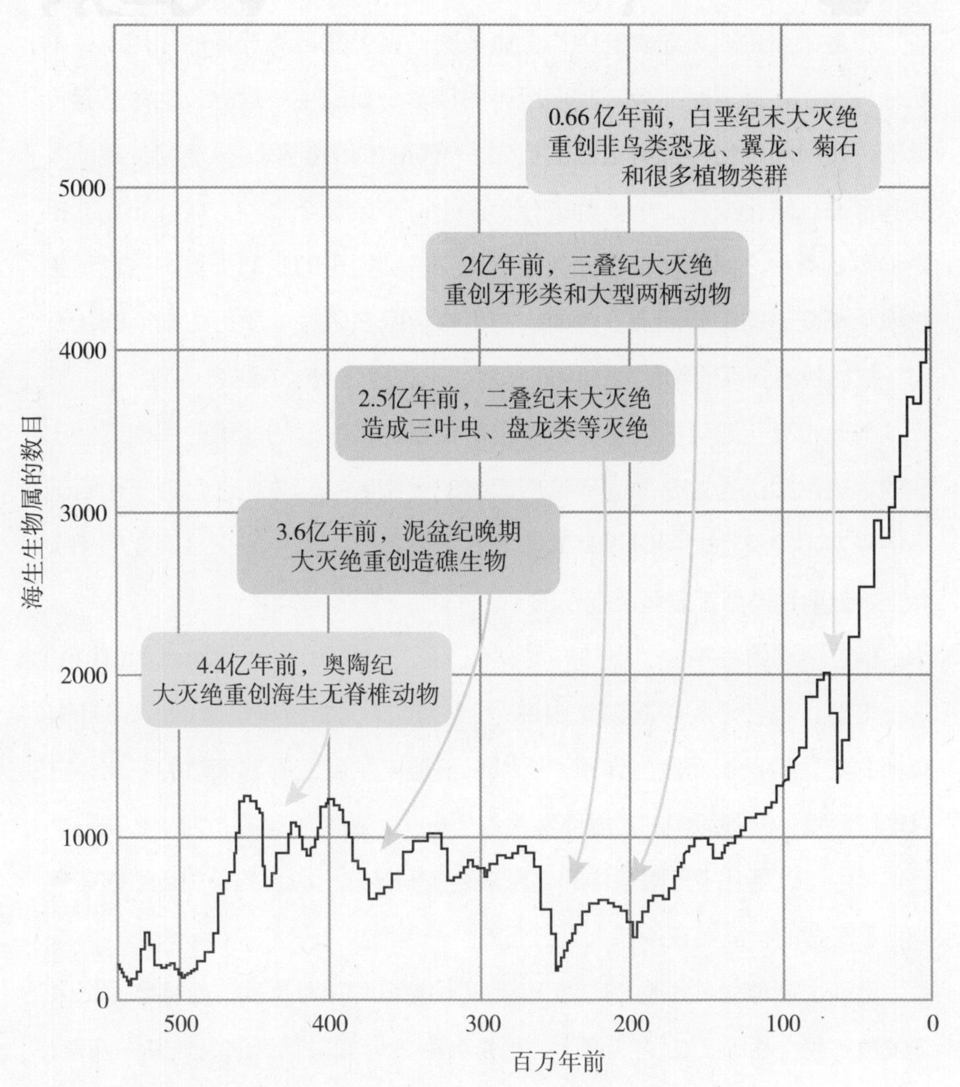

以属为单位的地球生命种类在五亿多年间的变化

演化的型式

傅　强 / 文

在生命演化的历史洪流中，生命从同一祖先在自然选择的作用下，不断分异演化，直至产生今天我们所见的精彩纷呈的生命世界。生命是有传承的，任何一种物种都有自己的祖先。随着时间的推移，一个物种逐渐改变其形态，演化成另一个新种或分异产生两个或数个新种。可以想见，祖先种和后裔种之间应当存在无数连续的、差别很小的中间类型。这也是生物演化渐变论的主要观点。然而，古生物学家在研究地质历史时期的化石时，往往找不到不同物种间的中间类型，无法构建演化的连续系列。

与此相反，地层中的化石物种常常是在一个很短的地质时间内突然出现的。达尔文认为这是他的理论所面临的致命困难，并把它归咎于化石记录的极为不完备性。同时也有很多学者据此提出，生物演化是突变的（实际上，这两种类型都是可能存在的）。

但达尔文始终相信“自然界里没有飞跃”（Natura non facit saltum）这一格言。他在《物种起源》中说：“自然选择仅能借着轻微的、连续的、有利的变异的累积而发生作用，所以它不能产生巨大的或突然的变化；它只能按照短小的和缓慢的步骤而发生作用……我们能够理解，为什么在整个自然界中可以用几乎无限多样的手段来达到同样的一般目的……自然界在变异上是浪费的，虽然在革新上是吝啬的。”

然而，要谈生物演化的渐变和突变不能脱离时间尺度，若将寒武纪大爆发放在整个生命历史的尺度上，那是突变，但如果就当时身处其中来看，演化则是一步步连续产生的。1972 年，美国两位古生物学家埃尔德里奇（N. Eldredge）和古尔德（S. J. Gould）根据对泥盆纪三叶虫和更新世陆生腹

足动物的研究，提出了著名的“点断平衡学说”，用以说明生物演化事件在地史中的呈现模式。该理论认为地质历史中生物演化事件的发生，即新分类单元（新属、新种等）的出现，绝大多数是在很短的地质时间内完成的，新分类单元产生之后，其形态往往会处在一种长期稳定的“停滞”状态，维持较长时间的不变。尽管有些人认为点断平衡学说与达尔文的演化理论存在相悖的地方，但从本质上讲，这一学说只不过是对古生物学家长期所面临的一个老问题的新解释而已。点断平衡学说强调了生物在演化中，新种的产生和地史中重大的演化事件主要是通过成种作用完成的，这是对达尔文演化论的补充和完善。

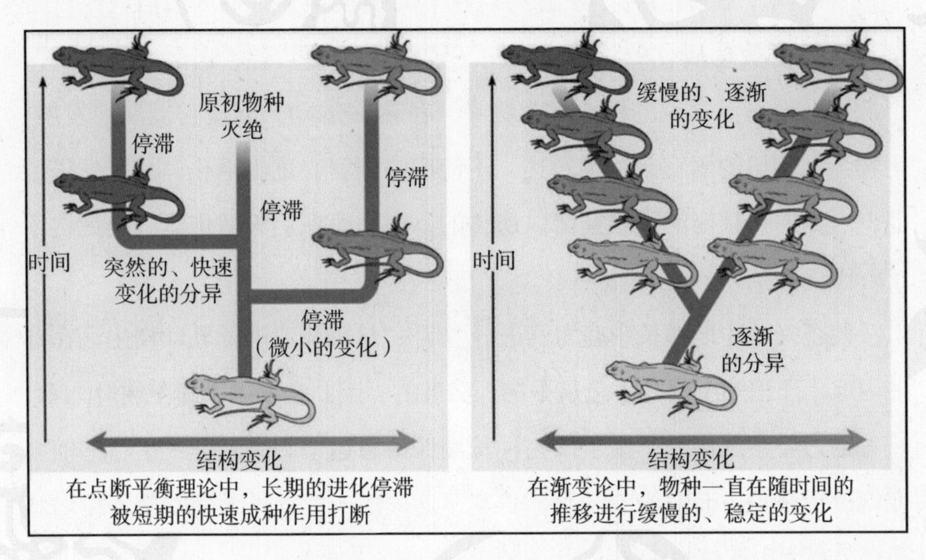

点断平衡理论（左）与渐变论（右）的比较
（引自《生物》（*Biology*）第七版）

适者生存

傅　强 / 文

每当我们看到长颈鹿的时候，都会惊讶于它们那巨长的脖子。几乎每个小朋友都会问爸爸、妈妈或者老师："长颈鹿的脖子为什么那么长？"

毫无疑问，长颈鹿是从脖子很短的祖先演化而来的，古生物学家甚至找到了介于二者之间的过渡型"中颈鹿"的化石。但是长颈鹿的脖子是怎么演化来的呢？对这一问题的解答，几乎贯穿于人们对演化机制认识的历史。

1809年，法国博物学家拉马克在《动物哲学》一书中，首次系统地阐述了他对生物演化的认识，提出了"用进废退"与"获得性遗传"两个法则。拉马克学说的核心是生物有一种内在的动力驱使它们向前发展，生物经常使用的器官会逐渐发达，不使用的器官会逐渐退化，而且用进废退，这种后天获得的性状是可以遗传的，生物可把后天锻炼的成果遗传给下一代。

他还兴冲冲地举长颈鹿为例进行说明："这种最高的哺乳动物生活在非洲内地，那里的土壤几乎总是干枯、贫瘠的，因此它不得不靠吃树叶为食，一直尽力要够到树叶。由于该物种长期保持着这个习惯，导致了它的前肢变得比后肢长，而它的脖子则延长到了这样的长度，长颈鹿即使不用后肢直立，高度也能达到6米。"

从直观上讲，拉马克的学说非常符合人们的感性认知。生活在黑暗洞穴里的蜘蛛和鱼类等，眼睛用不到了，也就退化了。但如果生物真能如此演化的话，运动员天天锻炼，肌肉发达，那么他的孩子的肌肉也更发达。因此如果一个人希望自己在哪方面有重大的成就，只要努力锻炼就是了。

拉马克眼中长颈鹿的演化

而且，还可以将这方面获得的优势传递给后代，令子孙也能沾光。但如果，一个人不小心摔断了腿或感染上了什么疾病，那可就糟了，这意味着他的所有后代将全部断腿或患病。显然，这是不可能发生的！

实际上，根据生物遗传的中心法则，遗传信息只能从 DNA 传递给 RNA，再由 RNA 传递给蛋白质，不可能从蛋白质传递给 DNA。也就是说，一个人通过后天努力获得的身体上的改变，是不会记录在 DNA 系统中的，因此也就无法遗传给下一代。

那么对于长颈鹿的长脖子来说，另一个更加合理的解释就是达尔文所提出的自然选择的演化理论。与所有的生物类群一样，原始长颈鹿的每一个个体间都存在差异，有的较高，有的较矮，有的脖子长，有的脖子短。当地面的食物缺乏时，脖子较长、个头较高的个体能吃到较高处的树叶，个头较矮的那些则吃不到，因此前者就具有生存优势，能留下更多的后代。经过一代又一代的选择，所产生的后代中都变成了长脖子的个体，于是“短颈鹿”变成了长颈鹿。

达尔文眼中长颈鹿的演化

当然，任何一种生物的演化过程都是十分复杂的，是多种因素共同作用的结果。长颈鹿的长脖子对它求偶也很重要：在求偶季节，雄长颈鹿会挥动长脖子互相撞击进行决斗，脖子越长，就越容易获胜取得交配的机会，雌鹿比较喜欢接纳脖子较长的雄鹿。这种决斗非常激烈，有时甚至可能导致死亡。

对于长颈鹿长脖子的演化，达尔文基于自然选择的演化论更具说服力，他的解释几乎可以应用于所有生物类群和生物的所有特征。

马的演化也是生物演化中的一个经典案例。化石证据表明，现代马的祖先可以追溯到大约 5500 万年前的始新世，最早的始马体形小，与稍微大点的家猫体形相当，以多汁嫩叶为食，后肢为三趾，前肢为四趾。随着时间的推移，气候逐渐变冷、变干，森林开始退却，草原在中新世大规模兴

起，在新环境的自然选择下，马类的体形逐渐增大，作为对食物改变的适应，它们的颊齿齿冠变高，由森林型演化为草原型。相应的，它们的种类也变得十分繁多，如上新马、草原古马、三趾马等，在北美洲和欧亚大陆十分兴盛。

马的演化与环境变化是密不可分的，自中新世以来，全球环境变得季节性更加明显，比以前更为干冷，曾经繁盛一时的大部分奇蹄类随之灭绝。马类随着大草原的出现而发生了爆发性的发展。马类是晚新生代以来演化最为成功的奇蹄目动物，它们有很强的适应性，在耐寒、抗旱及对食物的要求等方面都优于其他奇蹄目动物，甚至优于偶蹄类。偶蹄类摄食叶子，马类却摄食秆或茎，它们能消化高纤维、低蛋白的食物，并且能在偶蹄类无法生存的环境中生存下来，这就是马科动物之所以如此成功演化的主要原因。

从上面的例子可以看出，在生命演化的历程中，“适者”永远都是相对的。随着时间的推移和环境的变化，“适者”可能会变得不再适应新的环境而消亡；“不适者”也可能会变成“适者”而兴旺发达。在地球上，任何生物都有其独特的价值，即使再不起眼儿或个体再少的物种，都有可能是未来生命舞台上的明星。

挑战与支持

傅　强 / 文

寒武纪是一个相对专业而冷僻的地质年代名称，指距今 5.41 亿 ~4.85 亿年的一段时间。随着 2017 年一款名为“寒武纪”的芯片出现在大众媒体

发布的新闻上，这款由中国科学院科研人员设计制作、达到国际一流水平的芯片，也让“寒武纪”这一地质名词广为人知。

其实在此之前，寒武纪还因为生命演化历史中一次里程碑式的事件而进入公众视野，那就是“寒武纪生命大爆发”。早在150年前，现代生物演化论的主要创立者达尔文就已经注意到寒武纪的地层中存在三叶虫等许多复杂的生物化石，但在之前的地层中化石非常稀少，就好像寒武纪的生物突然冒出来一样。

随着时间的推移，人们对于这一现象的认识在一次次考察和研究中不断深入。科学界已经认识到寒武纪出现的生物大爆发现象是生命演化史上具有划时代意义的里程碑事件，因此赋予了它一个专有的称谓——“寒武纪生命大爆发”。

1910年前后，美国古生物学家沃尔科特（Walcott）在加拿大落基山脉的布尔吉斯页岩地区进行了多次采集，收集了大量距今5.15亿年的寒武纪时期的海生无脊椎动物化石，展现了寒武纪绚丽多彩的生命现象，进一步放大了寒武纪生物与前寒武纪生物数量和种类上的巨大反差。

1984年中国古生物学家在云南澄江发现了以纳罗虫为代表的澄江生物群后，经过20多年、多个团队的深入发掘，到2012年共发现了16个门类、200多种化石生物，生动地再现了5.2亿年前海洋生命的壮丽景观，同时为破解寒武纪生命大爆发的奥秘提供了坚实的基础。

由于澄江化石生物群完整记录了在短短300万年的地质时间内，出现了当今几乎所有的动物群类的情况，以至于有人提出，以澄江生物群为代表的寒武纪生命大爆发对达尔文基于自然选择的演化理论产生了巨大的挑战。

其实，如果我们仔细考察一下寒武纪生命大爆发和达尔文演化论的内核，会发现它们并无冲突。寒武纪生命大爆发只不过是我们在化石记录中

1985 年，《古生物学报》刊登了《*Naraoia* 在亚洲大陆的发现》，
揭开了澄江生物群研究的序幕（作者自拍）

看到的一个现象，且这一现象是在地质历史宏大的时间框架中所表现出来的。达尔文基于自然选择的演化论的核心思想是：存在个体变异的群体在不断变化的环境中由于差异化生存而产生的生物演变。其中并不牵扯演化的速度，也没有给出时间框架。

达尔文所提出的演化论虽然并不完善，甚至没有解决变异的来源，但其基本框架是正确的。之后随着孟德尔遗传理论的成熟，结合生物统计、古生物学、分子生物学等许多分支学科的知识，现代综合演化论得以产生，同时使得达尔文的演化论得到了不断的发展。

从某种程度上讲，寒武纪大爆发只不过是生命历史中演化辐射的一个著名的例子而已，与奥陶纪无脊椎动物大辐射、早泥盆世维管植物大辐射，以及其他演化分支内的快速分异辐射，如非洲维多利亚湖丽鱼类的快速辐射，本质上是相同的，非但没有挑战达尔文的理论，还进一步证实了达尔文的理论。

丽鱼科是一类种类繁多、色彩艳丽的鱼类，广泛分布于中美洲、南美洲、非洲、马达加斯加和印度南部等地，共超过 3000 多种。其中仅在东非的维多利亚湖地区就生活着超过 700 种丽鱼，更令人惊叹的是，它们可以追溯到 15 万年前的同一个祖先，也就是说差不多 200 年就可以产生一个新种。

丽鱼之所以具有如此快的演化速度，是因为：第一，它们有两套腭骨，咽喉里的一套腭骨专门处理食物，嘴里的一套腭骨便能够空出来发展多种多样的捕食方式；第二，丽鱼具有高度复杂的求偶仪式，每种雌鱼都严格选择同类的雄鱼做配偶；第三，它们“故步自封”，每种鱼都牢牢守住自己的小栖息地。这些特性都避免了与其他种类的杂交，特别有助于新种的形成。

从中可以看出，在一个新的生物类型产生之后，由于其他独特结构特征所释放出的巨大演化潜力，如果同时伴随着足够多的生态空间，生物的演化速度是极其惊人的。

我们将目光投向距今约 4 亿年的泥盆纪之初。在寒武纪生命大爆发发生之后的近 1 亿年的时间里，地球的陆地上依然一片荒芜，是生命的禁地。然而随着维管植物在距今 4.5 亿年前后产生，新的结构和全新的生态空间相结合，令维管植物迸发出了巨大的演化潜力，瑞尼蕨类、工蕨类、石松类、三枝蕨类纷纷争奇斗艳，让荒芜的大地开始生机勃勃。

丽鱼
（图片来源：
壹图网）

偶然与必然

傅　强／文

毛里求斯是孤悬于印度洋中的一个海岛，在欧洲人到来之前，这里曾是很多独特动物的家园。渡渡鸟是鸽子的近亲，其祖先可能是一种像鸽子的鸟，在大约 2000 万年前飞到了毛里求斯岛上。对于渡渡鸟的祖先来说，毛里求斯不啻天堂，这里没有天敌，且食物丰富。于是乎，飞行反而是浪费能量的不智之举，它们悠闲地在森林下漫步，舒适安逸。就这样，它们慢慢地演化成了后来人们所见的渡渡鸟：成年个体体重可达 25 千克，高 1 米，且身体健壮、腿强壮、脖子粗、头大。渡渡鸟最独特之处是具有非常大的喙，长达 23 厘米。岛上无甲子，岁尽不知年。如果不是人类的到来，毛里求斯岛上的渡渡鸟无疑是演化的胜利者，此外还致使卡伐利亚树演化出巨硬的果核。

随着地理大发现时代的到来，葡萄牙人在绕过非洲南端的好望角、“发现”了从欧洲到东方的“新航路”后，于 1507 年第一次来到了位于印度洋上的毛里求斯岛。巨大的渡渡鸟让饥饿的水手兴奋不已。这些已经在海上漂泊了数月、很久没吃到新鲜肉的水手开始大肆捕杀这种行动缓慢的大鸟。虽然渡渡鸟粗糙的肉不好吃，

渡渡鸟是最有名的受人类影响而灭绝的动物之一（图片来源：壹图网）

但他们并没有停止对其的捕食，且通常一杀就是一大批，那些没有吃完的鸟肉就被腌制起来，储存在船上，留在后面的航程中食用。

渡渡鸟是在 1598 年被人类首次描述的，但仅仅过了 84 年后，也即在 1681 年就灭绝了。可悲的是，至少我们对于渡渡鸟的样子还有所了解，而另外一些与它们共享家园的动物则更为不幸，因为它们在悄无声息中就消失了。这些岛上还居住过其他不会飞的和会飞的鸟、蝙蝠、巨龟，甚至是蛇类，后来都灭绝了，没有留下任何记录。

可以想象得到，渡渡鸟的祖先如果不是偶尔到达了与世隔绝的毛里求斯岛，也不会演化出失去飞行能力的后裔，而也正是因为失去了飞行能力，致使后来毫无抵抗力地灭绝了。从渡渡鸟的例子中我们可以看到，生物在演化过程中存在很多偶然性。但无论怎样的偶然性，最后还是要落实到自然选择上来。多样化是演化的基础，由于不同生物类群的多样化存在差异，在环境发生突然变化的情况下，演化的发生存在很大的偶然性，但在适应相同的环境中产生的趋同演化则又使得演化有迹可循。

突如其来的火山爆发、地震、海啸、台风、洪水、暴风雪……无时无刻不在影响着生物的生存和繁衍。在很多情况下，环境变化是不可预测的，有极大的随机性，而演化不过是在大量变异类型的基础上选择更为适应当前环境的类型而已。

关于演化的偶然性，有一个经典的比喻：若让一只或者无数只猴子在打印机前随机按键，是否能够打出一句有意义的话？其实这个比喻的提出者忽略了一个问题，那就是自然选择包括两部分：随机的变化和非随机的选择。好比按键打单词是随机突变，而选单词犹如自然选择之手。在自然选择的参与下，即使是随机按键，也是很快能打出一句有意义的话的。所以，在生物演化中随机的变化（偶然性）和选择结果必然适应于环境（必然性）的统一。

生命，让地球与众不同。尽管我们数百年来一直在寻找地外生命，但迄今仍未发现地外生命存在的确切证据。地球位于太阳系的宜居带，温度适宜，液态水丰富，化学组成适当，固态的岩石圈下是暗流涌动的软流圈，促成了板块构造运动。早期的还原性大气、偏碱性海水，更是生命化学演化和起源的温床。

地球上已知最早的原核生命证据出现于 35 亿年前。从早期地球生物圈形成以来，生命的演化始终与环境密切相关，表现出明显的共同演化关系。

24 亿 ~ 22 亿年前及 7 亿 ~ 6 亿年前的两次大氧化事件，使大气含氧量剧增，海洋由表层及深部逐渐富氧。大氧化事件的功臣，就是能进行光合作用并释放氧气的蓝细菌。原始地球环境孕育了生命，生命能改造地球的大小环境，环境又让一批批生命或灭绝或新生。

我们人类这个物种——智人（*Homo sapiens*）出现于约 20 万年前，当时是第四纪中一个较冷的时段，故而人类极不耐热，但耐寒能力也不强。如今的地球正处于 1.1 万年前开始的间冰期，气温本就比人类发展早期要高不少，人类活动更是火上浇油，让地球发起了高烧。人类生产力和科技水平的指数性增长使得人类更加主动地深入参与到地球环境的改变中，只有更好地了解人类的演化历程以及与地球的关系，才能让我们在未来做出正确的决定，让人类的繁盛延续下去。

演化的畅想

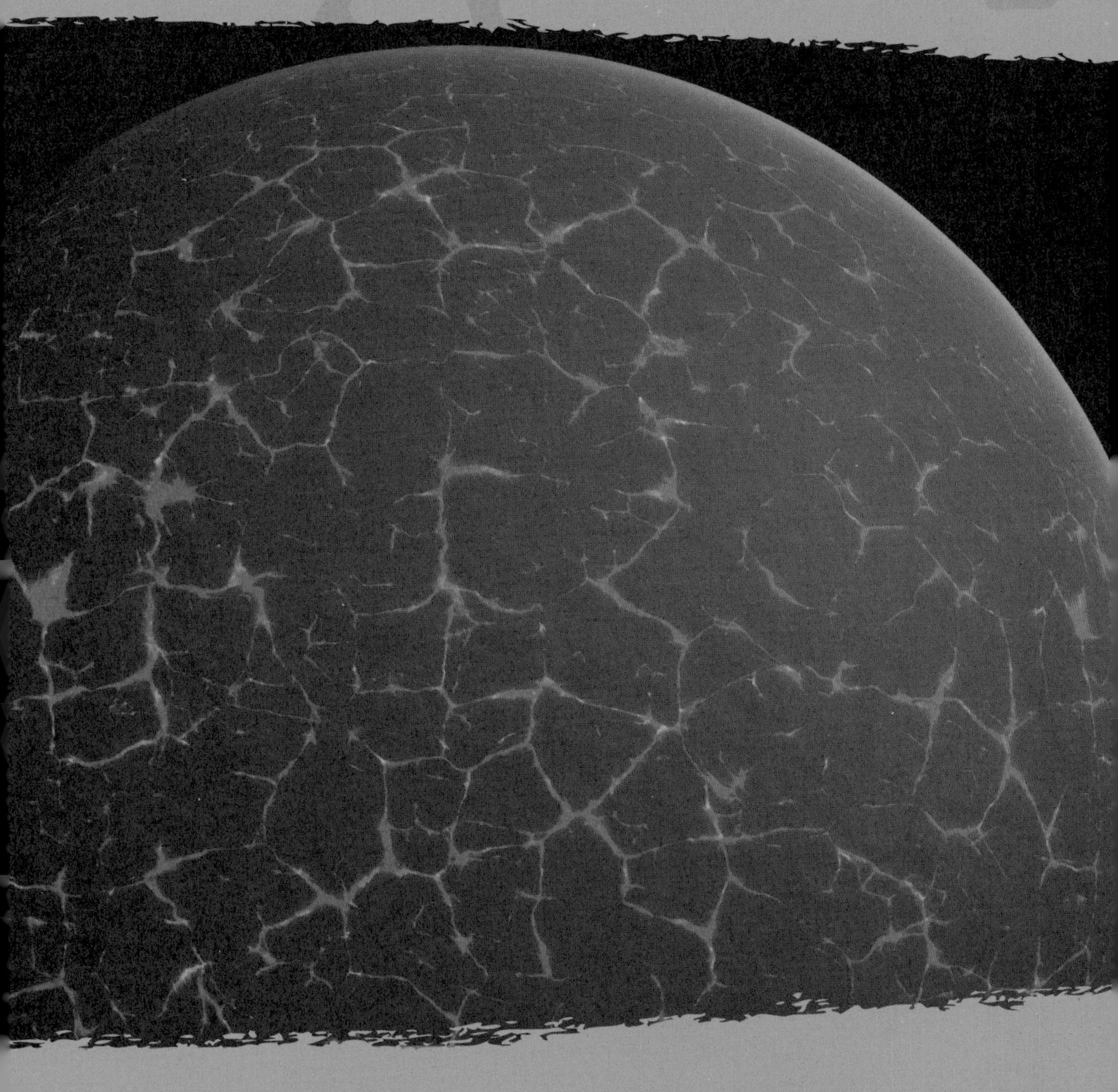

我们为什么害怕全球变暖？

蒋　青 / 文

2006 年，由美国前副总统阿尔·戈尔担任讲解的环保纪录片《难以忽视的真相》问世，片中罗列大量证据，讲述了全球变暖正在和即将带给人类的环境灾难，并在片尾提出一系列可行措施，呼吁人们从我做起，遏止全球变暖。这部纪录片在西方国家乃至全世界都引起了极大反响。2007 年，诺贝尔委员会更是将当年的诺贝尔和平奖授予戈尔和联合国政府间气候变化专门委员会（IPCC），以表彰他们为改善全球环境与气候状况所做的不懈努力。

当前的全球变暖现象是由于人类燃烧化石燃料（煤、石油、天然气等）及农牧林业规模化生产，致温室气体（二氧化碳、甲烷、氧化亚氮、氟氯烃、臭氧等）过量排放而引起的大气及海洋升温。自工业革命（18 世纪下半叶）以来，地表平均温度已经升高 1℃，二氧化碳这种大气中最主要的人为温室气体的浓度也从前工业时代的 0.28‰飙升到如今的 0.41‰（据 2019 年瓦里关全球大气本底站）。也许有人会说："在地质历史上，肯定有很多时候比现在还热吧？那时候地球都挺过来了，现在这次又有什么好怕的？"那我们不妨穿越回地球较热的时候，看看人类会怎样。

回到侏罗纪

在寒武纪之前，地球上的生命还比较简单，寒武纪开始后，复杂生命才开始兴盛。如果我们一路追溯至寒武纪，就会发现，在这 5 亿年的显生宙中，地球表面平均温度的变化非常大，除了 3 亿年前的石炭 - 二叠纪大冰期，几乎所有时代都比人类生活的时期热很多，最热时比现在要高 13 ~ 14℃。

我们普通人耳熟能详的侏罗纪，是恐龙大发展的时代，也是地球较凉爽的时代，但还是比现在热2～8℃。那时候大气中的氧气浓度没有现在高，二氧化碳浓度却很高。想想看如果比夏天最热的天气还要热几摄氏度，我们是不是都得躲在空调房里出不来了。所以如果我们回到侏罗纪，那得带上氧气瓶，穿上带温控系统的“空调衣”，否则就会在酷暑中喘不上气来。

明天之后的灾难

今天的地球，其实处在显生宙的一个相当冷的时期。我们智人，可以说是一种适应较冷气候而演化出的物种。按照联合国政府间气候变化专门委员会的测算，如果我们还是按现在的速率排放温室气体，在 2030—2052 年，地球平均温度就可超过前工业时代 1.5℃。也许有人会说：“温度高个 1.5℃听上去不多啊！”但考虑到地球是个巨大的系统，平均温度高 1.5℃其实表明大气和海洋已经吸收了巨大的热量。

根据气候变化专门委员会于 2019 年发布的《全球升温 1.5℃》特别报告，海平面上升将淹没岛国和大量沿海地区，赤道部分地区的土地干旱和沙漠化加剧，同时由于害虫卵更易于过冬，病虫害将加剧。另外还会引发海洋风暴增加、洋流紊乱、热浪和传染病等众多灾难。气候带北移和沿海富庶地区的丢失，对全体人类来说，意味着适宜居住空间的大面积缩减。不加以控制的话，到 21 世纪末，全球升温将达 2℃，那时一切就很难挽回了。

在 5 亿多年的时光中，地球生命一次又一次熬过了热浪的侵袭，但那时都没有人类。害怕全球变暖的是我们，而非地球。我们害怕全球变暖，是因为我们已经通过科学的评估和计算，预知如此发展下去未来人类会付出怎样的代价。所以，人类在尽力维持一个与昨天相同的地球环境。但是世界一直是变化的，如果给我们足够的时间，人类最终可能还是会或被动或主动地发生改变，来跟上环境变化的步伐。

未来的人类会是什么样的？

王霄鹏 / 文

想象一下数万年前人类的生活：居住在洞穴里，使用简陋的石器，还要面对凶猛的野兽……再环顾四周对比一下我们现在舒适的生活。虽然生活环境有天壤之别，但其实我们和祖先在外貌上几乎没有区别。以澳大利亚原住民为例，他们在近乎与世隔绝的环境中生活了 4 万多年（直到今天，他们中的一部分人依然保留着石器时代的生活方式），但仍具有和其他人种一样的外貌。而在现代社会，人类的生物学特征对繁衍下一代的影响进一步降低，在科学技术更发达、社会资源更丰富的未来，只要有意愿，每个人都会有留下下一代的机会；加上人类具有改造环境使其适宜自身生活的能力，所以未来人类外貌变化或许会很小，当今天的人们见到几万年后的后代时，依然不会觉得陌生。

澳大利亚原住民

图片来源：https://upload.wikimedia.org/wikipedia/commons/4/4b/Kai_Kai_Western_Arrernte.jpg

人类改造自己身体的历史已经2000多年了。早在公元前600年，古埃及人就曾制造木制的人工脚趾，帮助缺少脚趾的人正常行走。今天的机械外骨骼可以帮助人负重、登山，这些机械在人们看来仍属于工具的范畴。但是如果机械被整合到了人体内，如人工关节，甚至是人工肾脏、人工心脏，人们离开这些设备就无法生存，在这种情况下人类和机械形成了实际上的共生关系。在未来，人类和机械的共生关系会更加紧密，这将帮助人类获得前所未有的能力，如可以传递电子信号的液态金属会被用于制作人工神经，人类将可以摆脱神经直径对生物电子信号传递速度的限制，获得数十倍于现在的反应速度。而当人类大脑可以通过某些机制直接和体内的机械植入体连接时，人类的存在方式将被深刻地改变。这种改变的终极形态已初现端倪：2013年中国科学家在小鼠身上实施了活体换头手术，并且术后小鼠生存了几个小时。如果不把头移植到另一个生物体上，而是连接在一个可以一直维持大脑运转的机器上，个体生命可以得到极大的延长。只要能够维持大脑的功能，人类将无限接近于永生。

除了依靠机械，人类也可以提取自身的基因来制造新的器官，甚至新的身体，并将细胞重新编码使器官具有新的特性以满足人们的需求。但是如此定向地改造人体，面临严重的伦理问题。2018年，贺建奎宣布经过基因编辑、生来就对艾滋病免疫的婴儿已经诞生，立刻引发了巨大争议，并遭到学术界的一致反对：父母是否有权利对未出生的孩子进行基因改造？未出生的人是否也同样享有知情同意的权利？怎样排除因特殊目的而滥用基因编辑？但也有很多人认为这也许是必要的。因为纵观生命演化史，生物大灭绝多次发生，地球并不总是像现在这样适宜人类生活，它曾是雪球，曾极热，也曾被小行星撞击，还有过超大规模的岩浆喷发……即使未来不再出现这样的环境剧变，数十亿年后，当太阳变为红巨星，体积急剧膨胀，

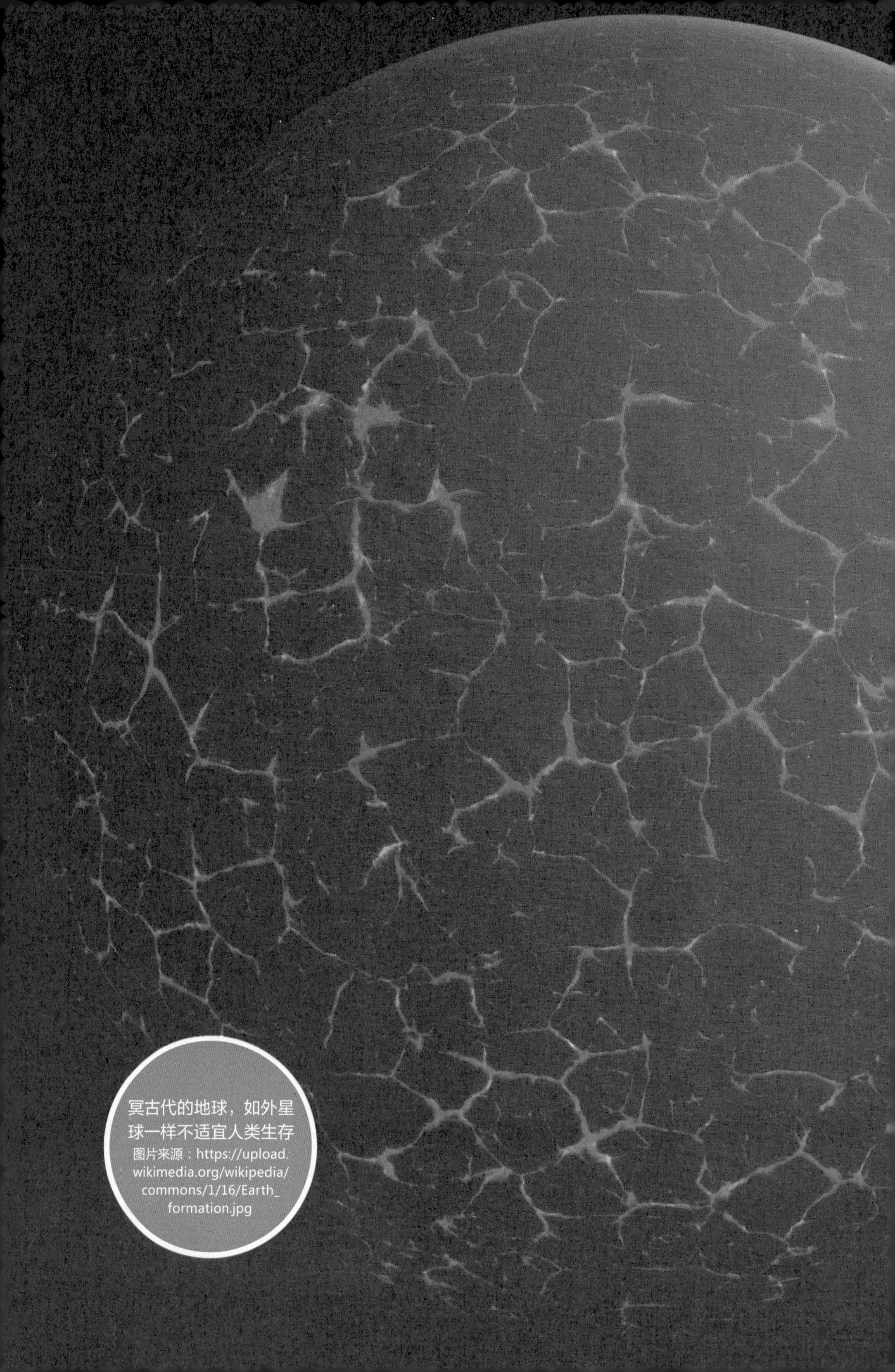

冥古代的地球，如外星球一样不适宜人类生存

图片来源：https://upload.wikimedia.org/wikipedia/commons/1/16/Earth_formation.jpg

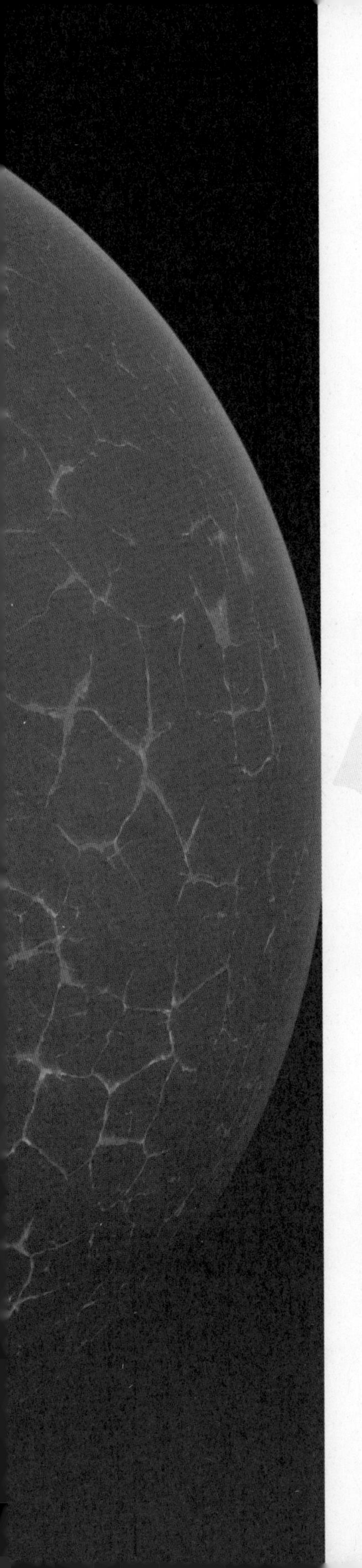

人类（假若还存在的话）也会被迫放弃即将被太阳吞噬的地球。那时人类的唯一选择就是经历漫长的太空旅行到达另一颗适宜居住的星球，但在旅行过程中人类将长期暴露在无重力的条件下，由于此时骨骼不用再承担体重的压力，一年的太空旅行便会让人流失约 20% 的骨质，而到达最近的类地行星需要至少数十年。这样在历经几代人到达目标星球后，人类的骨质也已经流失殆尽了，软绵绵的人体是没有办法在星球表面生存的。这个时候，自然选择会让那些骨质较难流失的人脱颖而出，生存下去并留下后代，如此若干代人后，骨骼就能恢复现在的功能。但此时如能通过机械或基因手段使骨骼更强韧且骨质难以流失，便可挽救无数人的生命，这样的改造恐怕称不上违背伦理。

看完了人类未来的样子，不免觉得人类似乎已经跳出了进化论的藩篱，但是数十亿年的生命史说明，演化对任何物种来说都是不可避免的。那么人类究竟是否还在演化呢？

人类还在演化吗？

王霄鹏 / 文

关于人类的演化、人类未来的发展方向，一直是个争议很大的问题。下面我们从几个方面梳理一下。

基因层面上静悄悄的革命

虽然我们与数万年前的祖先乃至数万年后的后代之间也许只有极小的外貌差异，但在相同的外表之下，人类的演化并没有停下，许多变革都静悄悄地隐藏在基因层面。人类对乳糖的适应就是一个典型的例子。乳糖在自然界中存在于哺乳动物的乳汁中。尽管喝奶是哺乳动物的基本特征之一，但人类是唯一在成年后仍能消化乳糖的物种，目前 35% 的成年人有能力消化乳糖。这种能力可能起源于数千年前的一次 MCM6 基因突变，虽然一个人的基因变异与否很多时候并不能直接反映在外表上，但这个变化显然对人的体质有正面影响：食用乳制品使人获得更多营养，所以更健康，寿命更长，这样的人能留下更多子孙，因此这个突变被自然选择所保留，而且在人群中变得越来越常见。

自然选择的作用也表现在抵抗疾病上，如 CASP12 基因的活跃度在人群中逐渐降低，是因为在该基因完全表达的人身上，细菌进入血液而导致致命感染的概率会大大增加。在医疗技术高度发达的当下，这样的选择主要发生在医疗条件不佳的地区，并且在未来会随着人类整体医疗水平进步而进一步减弱。而正是由于自然选择的力量被削弱，一些本该被消除的突变得以保留，此时随机的遗传漂变（遗传过程中的随机改变）或其他尚不明确的选择机制会主导基因层面的演化，让预测未来人类的样子变得有难度。

奠基者的诅咒

当地球资源枯竭、人口饱和或是太阳即将膨胀毁灭太阳系时，人类会选择在别的星球采集资源，建立聚居区。星际移民的先行者在历经漫长的太空旅行后，将到达一颗类地行星。这颗星球的重力、氧气含量等参数与地球几乎相同，这批人过上了同地球上一样的生活，繁衍生息，人数不断增长。但是此时演化却将带来缓慢而又无法阻止的危机——奠基者效应。奠基者效应是当一个新种群诞生于从大种群分离出的较少个体时，新种群基因库失去多样性的效果。挑选最初的“奠基者”的不是自然选择，而是相对随机的人为因素，所以奠基者效应的本质是由于取样的随机性而产生的遗传漂变。

得益于人类对不断开拓新领地的热衷，目前已经有很多例子可以帮助我们理解奠基者效应在人群中的影响。特里斯坦 - 达库尼亚群岛是南大西洋上偏僻的火山群岛，截至 1961 年，岛上只有 232 人，而这些人全部是 19 世纪最初到达该岛的 15 人的后代。不幸的是，这 15 人中有一位携带了导致视网膜色素病变的隐性等位基因，导致岛民中该病的发病率比其他地区高了 70 倍。生活在北美洲的阿米什人，也是由人数不多的“奠基者”繁衍而来的，并且由于宗教和文化的原因，他们不与外界通婚。这导致了虽然今天的阿米什人人数已经超过了 20 万人，但如多指畸形这样的遗传疾病在阿米什中的发病率要显著高于其他人。事实上，如果发现某种稀有的等位基因在特定人群中表达的概率异乎寻常的大，很多情况下都是奠基者效应在起作用。

未来，散布于各个星球的人类聚居地也许都将是由一批批人数不多的“奠基者”所开创的，那时，减小奠基者效应可能带来的如遗传疾病高发等负面影响，会是人们需要解决的主要问题之一。

丑陋的地球人

董丽萍 / 文

著名的美国生物学家和科普作家爱德华·威尔逊（Edward Wilson）曾在《生命的未来》一书中专门写有一章，描述人类这个“地球杀手”如何导致无数物种灭绝或濒临灭绝。在这一章末，他写道：“所谓高贵的野蛮人，从来就不存在。伊甸园由人进驻后，就变成了一座屠宰场。人们一旦找到天堂，就注定了天堂将会失去。”联合国支持的生物多样性和生态系统科学政策国际平台发布了全球生态系统状况综合报告，指出由于人类活动，多达 100 万的动植物物种将在几十年内灭绝。

大自然的癌症

2010 年 4 月 20 日，位于墨西哥湾、离佛罗里达州海岸不远处的深水地平线半潜式深海钻油平台发生爆炸井喷，海底原油在多种挽救措施未果后毫无限制地持续泄漏了 87 天，估计有 7.95 亿升（2.1 亿加仑）的原油流入墨西哥湾，周围海域和海岸线受到污染。大片珊瑚受到严重损害，大量海鱼、虾蟹死亡或发育畸形，超过 100 万只海鸟死于原油污染，近 200 头未出生或刚出生的海豚搁浅在海滩；在美国境内产卵的绿海龟要幸运一些，它们绝大部分的卵被小心地移走并被人工孵化，而在墨西哥境内产卵的肯氏龟就没那么好运，刚孵出来的小海龟直接进入了那片死亡之海。而这些只是冰山一角。

这次被称为“美国生态史上的‘9·11’”的事件，还不是一次生态与发展的博弈，只是石油公司为了赶工省略检测步骤、无视不良检测结果、不顾设备老化，最终酿成的灾难。

伴随着农业革命、工业革命和科技革命的发展，人类逃脱了原始生态系统的束缚，全球人口极度膨胀。不断增长的人口挤占了其他物种的空间，抢走了它们赖以生存的土地、空气和水。人类引以为傲的足迹，带着外来物种入侵，彻底扰乱了当地生态群落长期形成的平衡，而基因工程迅速且根本性地改变了生物本身，打破了不同生命类型的界线。从这种角度来看，人类就如同大自然这个超大有机体的癌细胞，有时在地球各处肆意破坏，作为病症，癌症要么被消灭，要么随着其所侵入个体的消亡而消失。对于“演化树顶端”的人类来说，只有摆脱“癌细胞”的角色，才能跳出这种进退两难之地。

人造地球

漫长的地质历史告诉我们，生命的演化和其所处环境的变化是紧密相连的。24 亿～22 亿年前，海洋表层自由氧含量大幅增加，为大量复杂的多细胞生物的出现奠定了基础，而氧含量增加又归功于蓝细菌所进行的光合作用；早泥盆世时，大气中氧气浓度增加、全球海平面下降，与此同时早期脊椎动物登陆探索陆上新环境，而 C_4 光合作用过程首次出现于渐新世，与当时全球变冷、热带地区变干旱有着密切的关系。

与地球上其他生物相比，工业革命和科技革命期间的发展使得人类在很大程度上摆脱了对环境的依赖。很久以前，生活在酷冷北极圈的因纽特人就建起冰屋保暖。现在，在平均气温 -25℃的南极洲上，科考站的室内温度也恒定在 26℃。绝大多数人吃着一群人做的饭，穿着另一群人制的衣，为一群并不认识的人提供劳力。每个人的生活基于全球个体的合作而存在。这种合作为我们带来了如今的繁荣发展，建立了一种完全不同于生物物种的生存形式。

同时长期的城市生活让人们有这样一种感觉：人类是无所不能的。能竖起几百米高的摩天大楼，能架起几十千米长的跨海大桥；能控制某些元素的裂变反应从而获取能源，能把探测器送到亿万千米的火星、土卫六上。即使很多现在做不到的事情，我们也相信科技的发展终有一天会帮助我们实现。

人类就是生活在这样一个自己建造的泡泡——被我们改造的地球中。但这个泡泡能建多大？能维持多久？又是否能够带着人类走得更远，拥有更加幸福的未来呢？

人类会灭绝吗？

董丽萍 / 文

“我们的任务是确保人类的延续。”

——电影《2012》

一直以来，人类似乎都是一种对自己“来自何处、去向何方”这一问题特别感兴趣的动物。东西方的神话和宗教故事中都包含了大量创世造人、灾难末世的内容。至近代，随着越来越多的自然谜题被解开，末世思想也逐渐变得更加理性，人们也从生态环境、生物变异等多个不同角度去探讨与我们休戚相关的直接问题：人类会灭绝吗？

在漫长的地质历史中，新物种的出现与旧物种的灭绝是十分平常的事情。从化石记

录中我们发现，一个物种的延续时间从几十万年至几百万年不等，因此从地球生物演化的角度来说，人类是必然要灭绝的。但智人的演化是否会延续地球其他生物的演化规律呢？

“人造地球”的崩溃

现代生命世界里的大多数属（亲缘关系十分相近的物种的集合）是在始于2300万年前的中新世时才出现的，而肉眼可见的生命遗迹则可追溯到35亿年前（澳大利亚西部的叠层石），这期间无数物种演化出来，无数物种又灭绝了。新生和灭绝无时无刻不在进行，但只有在环境突变时才会发生集群式的生物大灭绝，并在地层中留下显著的印迹。

高更的油画《我们从哪里来？我们是谁？我们到哪里去？》

地球生命的历史记录显示，在生态上适应性广的物种，由于能占据更广阔的区域，生活在更宽泛的环境中，在环境发生改变时更易找到合适的生境，延续时间明显长于特化物种。从生物学角度来说，早期的人类是一种广适性的物种，杂食、生活区域广、对温湿条件要求低、能较快迁徙寻找适宜环境。但随着社会的发展，智人又变成了一种高度特化的物种，大脑消耗了大量能量，身体变得瘦弱无力，不擅奔跑攀爬，基本上只能生活在人造生态环境中。根据达尔文自然选择的原理，能够更好地适应生存环境的动物才有更多机会存活下来并繁衍。换句话说，只要人类和人造生态环境相互协调，就能长久地延续下去。问题是，我们能在多大程度上控制和改造“人造地球”的环境呢？就在最近，人类世工作组投票确定“人类世”成为地质历史上的一个新时段，有些小组成员赞成以 19 世纪中叶为其起始时间，代表了人类对全球环境整体性干扰的开始。

一方面，到目前为止能容纳下全体人类的人造生态环境还只能存在于地球上，它必然受到地球环境其他因素的限制。另一方面，社会性群体像所有生命有机体一样复杂，不可能一夜间发生重大变革，也就是说由于人类的社会属性，社会发展在短时间内并不完全受人类某个个体或群体的控制。在这样的情况下，如果人类不及早地寻求人造生态系统和地球大环境的和谐，那么“人造地球”很可能就会随地球环境的崩溃而崩溃。

我们在著名的“生物圈二号”实验中就能一窥这种可能性。在 20 世纪八九十年代，为证明在外太空条件下模拟地球生态系统的可行性，人们在美国亚利桑那州建造了一个集成了热带雨林、沙漠、草原、海洋等多种生态系统，并有多位科学家入住的大型封闭体系。虽然整个体系有 12700 平方米之大、物种也有 4000 种之多，但在两次长期实验（分别为 2 年

和6个月）中，大气氧含量在很短的时间里就大幅降低，多种动植物也相继灭绝，整个生态系统无以为继。现在“生物圈二号”已经成为一个著名的旅游目的地，用它巨大的身躯诉说着：人类还深深地依赖着他的地球母亲。

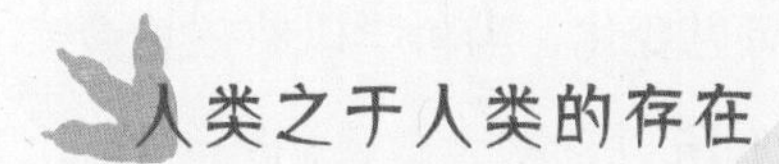

人类之于人类的存在

何夕的科幻小说《天年》描述了这样一个故事：在人类无法控制的天文事件影响下，地球很快要经历一次生命大灭绝（像前几次生命大灭绝一般），整个生态环境发生巨变，不可避免地会影响到占据地球巨大空间的人造生态环境，人类直面灭绝的最终命运。这是一种星系（宇宙）尺度上的人造生态环境崩溃。在这种假设下，比较流行的解决方法有两种：一是星际流浪，乘大型飞船出走，甚至像根据刘慈欣同名小说改编的科幻电影《流浪地球》里那样，将地球打包带走；二是赛博世界，把人类的所有思想上传到网络计算机中。无论是哪一种方式，似乎都涉及人类对自己这个物种的定义。随着科技水平的进步，装有人造膝盖、股骨头、假肢，甚至人造心脏的人越来越多，但从没有人认为他们不是人类。现在人类已经可以剔除受精卵细胞的某些有害基因，可能在不太远的未来人类能够编辑所有的基因，生出完美后代。这些完美后代其实仍是人类，但确实是经过“人工选择”的人类。也许我们还能借此让后代“演化”成超智人，人类，是否要踏上这条演化之路呢？

莲子与冰棺——我们能一梦千年吗？

蒋 青 / 文

当全球变暖开始影响我们的生活，当医学、科技开始干预我们的遗传，当航天研究证明太空移民会造成人类身体的可见变化，当科学以将古论今的方式预测遥远未来的地质或天文灾难，我们所讨论的大多是后代怎样、未来如何。人类这个物种的繁衍一直是个沉重而值得正视的问题。

然而，如果失控的核武器、突增的太阳活动等让地球环境在千年后才能回归于安全，如果人类想以最小的资源损耗乘飞船拓殖太阳系外的宜居行星，那么，个体的存活恐怕才是当务之急。也许我们可以使用特殊的技术，集体陷入沉睡，等千年之后环境适宜时，再让人类的演化之轮重新转动。

千年莲子开花的启示

1923 年，在今辽宁省普兰店泥炭层中沉睡数百年的古莲子，经日本人大贺一郎之手萌发，轰动世界。19 世纪 50 年代，中国科学院植物研究所的科研人员重回普兰店采集古莲子，成功让它们发芽开花，科学家用 ^{14}C 测定年龄，发现最老的一颗莲子竟有 1200 多岁！后来，北京、山东等地出土的古莲子也在研究者的悉心照料下开花结籽。植物学家更以这些古莲子为亲本，与现代莲杂交培育出琳琅满目的观赏荷品种，使封存于古莲子中千百年的基因重获新生。如果以人比之，就好像唐宋的古人跨越千年岁月，在现代人的“水泥森林”中苏醒，然后结婚生子。这是何等神奇！

古莲子为何如此长寿？莲子果皮的特殊结构是重要原因之一。成熟莲子

果皮外部致密，在莲子内部形成封闭的环境，阻止水分和气体出入。然而莲子上部顶端果皮内又有一个小小的气室，生有窄细的通向外部的气道，再加上内外表皮上深陷的气孔，保证莲子能进行微弱的呼吸，以最低的代谢率维持生命的活性。

如果有办法让人进入低代谢的冬眠状态，那么像古莲子果皮这样的结构，简直就是保存此状态下人体的最好容器！

生物在自然选择下，演化出了形形色色的结构和器官。水珠在荷叶上滴溜溜滚动却打不湿叶面，启发人们发明了不沾油不沾水的自清洁涂料；鬼针草带钩的种子粘上衣服就很难拿下来，成为尼龙搭扣的灵感来源。更不要提鱼和海豚的流线型身体，鸟不对称的飞羽……莲子的果皮只是这众多天启中的又一个启示，在种族存亡的危难之际，我们也许能像莲子中的胚胎一样，静卧在精巧的"果皮"里，气若游丝地忍耐千年，最终在美好的新世界中苏醒。

冻象与冰棺

容器似乎有了，那么人应该怎样进入沉睡状态呢？一些科学家认为，可以冷冻人体，强制冬眠。

猛犸是一类已灭绝的耐寒的长毛象，在更新世的冰河时代族群兴旺，于4000年前灭绝。在西伯利亚和阿拉斯加的冻土下埋藏了大量猛犸的尸体。寒冷的北极圈是个天然大冰箱，将猛犸巨大的肉身冰冻千万年不腐。面对猛犸，古生物学家看到的不是仅存骨架的化石，而是皮毛、肌肉俱全的完整尸身，从其中可以提取有用的DNA信息。2011年，时于加拿大学习的中国古生物学家邢立达在微博上直播吃猛犸肉，将取自西伯利亚冻土的一片古猛犸腿肉"煎，十成熟，加盐"，食用后评价"和野猪肉差不多……有点沙土味道"，且他本人并没有肠胃不适。此举虽然引发争议，却是看客如云，大众对冰冻的威力有了直观的认识：冻了几千年的猛犸肉还比较"新鲜"呢。

无论动物、植物还是细菌，身上的每个细胞都是一袋水。动植物的身体中还有许多管道（血管、导管等），其中流动的各类物质以大量水为介质。水的麻烦在于：冷冻结晶时体积会膨胀，生成冰晶，将细胞膜撑破、刺穿，因此细胞会崩溃，生物体会死亡。目前的研究认为，可将低冰点的保护液灌入血管，替换全身血液，使全身细胞（特别是脑细胞）快速脱水，防止冰晶的形成，然后再进行冷冻。

2015 年，患胰腺癌的重庆儿童文学作家杜虹立下遗愿，请专业人体冷冻机构冷冻她的身体。医生宣布死亡后，她的身体在第一时间被冷冻，头和身体分开，分别在 −40℃和 −196℃的环境下保存。这是中国第一例人体冷冻，冷冻时间预设为 50 年。无论 2065 年时杜虹女士能否复活，她都给未来人类的“冬眠之旅”提供了第一手资料。

当不可抗拒的天灾到来、当通往星辰大海的征途开启，莲子和冻象的秘密将为我们冻结时间，看护文明之火，在千年一梦之后，重新拨动人类演化的时钟。但在这些灾难到来之前，还是让我们照顾好这个目前对我们仍然友好的地球吧！

书读到这里，你一定对生物演化和生命历史有了初步的了解。这些内容看似不多，但却是无数的先行者经过数百上千年的探索积累而成的。这里面的每一个原理、每一项证据，都经过了无数的检验，饱含了一代代学者的智慧。

化石从具有神秘色彩的神话载体，到《圣经》大洪水的见证，最后到记载生命历史的文字，走过了千年之久；演化从早期圣贤的朴素认知，到上帝创世时设定的法则，最后到统一生命科学的终极理论，历经无数波折。在我们轻松快乐地获取这些知识的时候，我们更应该知道这些知识是如何获得的，从而进一步了解如何获得更多知识，破解大自然的未解之谜。

古人诗中有云："纸上得来终觉浅，绝知此事要躬行。"说到这里，你也许已经迫不及待地要去亲自破解生命之谜了吧！别着急，俗话说"心急吃不了热豆腐"。我们的好朋友小演同学和他的小狗三思带来了下面几个可供我们一试身手的实例，通过这些实例的练习，在掌握了一些基本原理和技能之后，我们才能在破解真正的生命之谜时大显身手。

让我们一起出发，操练起来吧！

跟着小演去探索

构建你自己的进化树

傅　强　蒋　青　王霄鹏／文

生命之树

就目前人类所知，地球是生命的唯一家园。

在大约40亿年前，在地球的某个角落，生命开始孕育。首先，无机物开始合成有机小分子（氨基酸、核苷酸），然后有机小分子合成有机大分子（蛋白质、核酸、类脂、多糖），生物大分子之间的相互作用最终演化出原始生命。

随着环境的不断演变，原始生命向着不同的方向演化，使地球充满了活力，形成了如今多姿多彩的生命世界。从生命起源之初到今天种类繁多的生物物种，在漫长的岁月里，地球上共出现过多少种生物，这些生物之间存在怎样的进化关系，一直困扰着一代代的生物学家。约300年前，林奈创立了现代的生物分类系统和命名法，大大促进了分类学的发展和人类对未知生物世界的探索。

毫无疑问，如今地球上的所有生命都可以追溯到一个祖先，地球上的所有生命都有着或远或近的亲缘关系。但这种亲缘关系是怎样的，地球生命系统最高的分类单元可以分为几个，都是备受争议的问题。从最早的简单地将生物分成植物和动物两大类，到魏泰克（R.H.Whittaker）五界分类系统（把生物界分成原核生物界、植物界、原生生物界、真菌界和动物界），再到卡尔·乌斯（Carl Woese）提出的三域系统（包括细菌域、古菌域和真核生物域）。

早在19世纪上半叶，达尔文就开始思考构建生命进化树的问题，并在笔记本上画出了最早的进化树示意图。如今，生物学家结合形态和分子生物学的数据，构建起了庞大的生命进化树，试图将所有现生生物都纳入这个框架中。

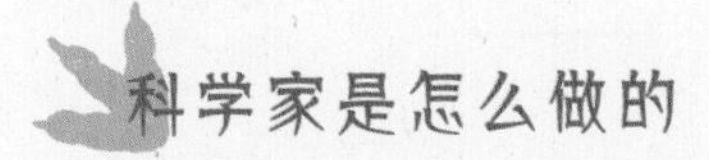

科学家是怎么做的

以下以构建简单的脊椎动物进化树作为示例，呈现构建进化树的过程。

步骤1　选择分类单元。

如果你想研究、构建主要脊椎动物类群间的进化关系，可参考下表的最左栏中显示的类群（请注意，为简单起见，此表中仅列举了部分脊椎动物类群）。

步骤2　确定特征。

在了解了脊椎动物之后，首先要选择一套同源的特征，并在下表记录所了解和观察的结果（请注意，为简单起见，本例中排除了许多相关的脊椎动物特征）。

	脊椎?	骨架?	四肢?	羊膜卵?	毛发?	两个眶后孔?
鲨鱼及其近亲	是	否	否	否	否	否
辐鳍鱼类	是	是	否	否	否	否
两栖动物	是	是	是	否	否	否
灵长动物	是	是	是	是	是	否
啮齿类和兔类	是	是	是	是	是	否
鳄类及其近亲	是	是	是	是	否	是
恐龙和鸟类	是	是	是	是	否	是

羊膜卵：
胚胎被保温的
羊膜所包裹的卵

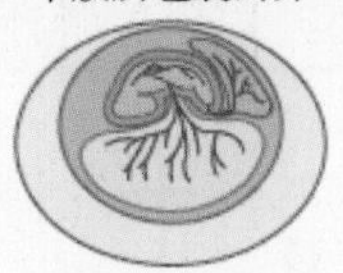

眶后孔：
头骨上眼眶后的孔

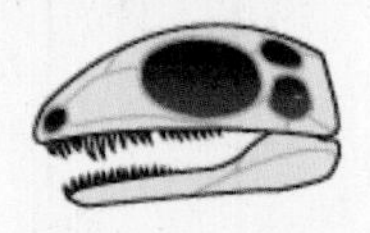

步骤3　确定特征的极性。

通过研究化石和与脊椎动物亲缘关系最近的外部类群，假设脊椎动物的祖先没有这些特征。

	脊椎?	骨架?	四肢?	羊膜卵?	毛发?	两个眶后孔?
祖先	否	否	否	否	否	否

步骤4　按同源性状对分类群进行分类。

由于我们决定了哪些是祖先特征（请参见上文），接下来我们首先检查卵的特征。我们先来看都具有羊膜卵（A）这一同源性状的类群，并假设它们形成了进化分支（B）：

A

	脊椎?	骨架?	四肢?	羊膜卵?	毛发?	两个眶后孔?
鲨鱼及其近亲	是	否	否	否	否	否
辐鳍鱼类	是	是	否	否	否	否
两栖动物	是	是	是	否	否	否
灵长动物	是	是	是	是	是	否
啮齿类和兔类	是	是	是	是	是	否
鳄类及其近亲	是	是	是	是	否	是
恐龙和鸟类	是	是	是	是	否	是

B

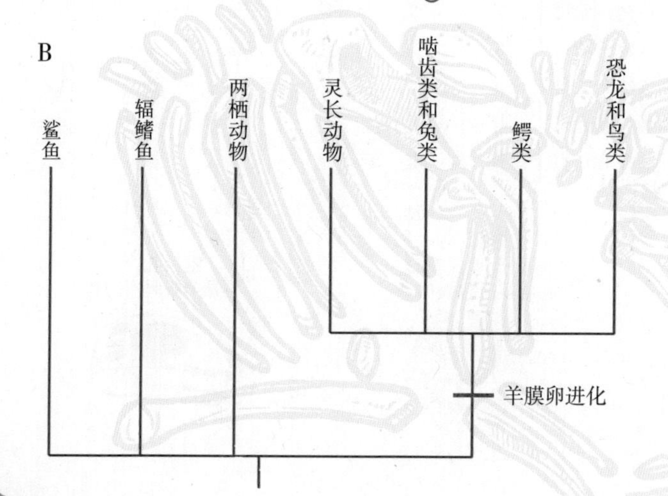

然后，我们就可以照此处理整个表格，根据同源性状对各类群进行分组（C）。

C

	脊椎?	骨架?	四肢?	羊膜卵?	毛发?	两个眶后孔?
鲨鱼及其近亲	是	否	否	否	否	否
辐鳍鱼类	是	是	否	否	否	否
两栖动物	是	是	是	否	否	否
灵长动物	是	是	是	是	是	否
啮齿类和兔类	是	是	是	是	是	否
鳄类及其近亲	是	是	是	是	否	是
恐龙和鸟类	是	是	是	是	否	是
	1	2	3	4	5	6

步骤5　解决出现的冲突。

在此例子中没有冲突。每个组都是另一个组的子集（C）。

步骤6　构建进化树。

基于上面的分组，就可以得到一个简单的脊椎动物进化树了。

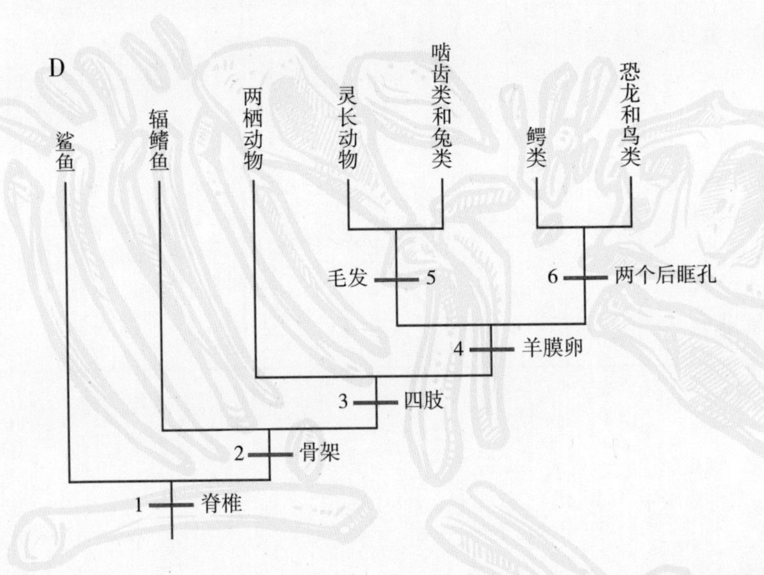

当然，这只是进化树构建的一个简单示例。实际研究中的系统发育树通常含有更多的特征，并且通常涉及更多的类群。例如，生物学家基于 1400 多个分子特征构建了 499 个种子植物类群的亲缘关系。

小演的植物进化树

小演同学非常喜爱钻研，对周边的花花草草都十分感兴趣。书上讲地球生命是一个大家族，好像一棵枝繁叶茂的大树，真菌与植物的亲缘关系要比与动物的亲缘关系远……这激发了他的好奇：这样的结论是怎样得出的呢？他要亲自探索一番！

他选择了四类看似差异很大的植物，并选出了四个特征，依此来构建自己的植物进化树。下面我们就和他一起，先找出下面四个主要植物类群的特征（有填 1，没有填 0），然后，尝试构建简单的植物进化树吧！

类　群	维管组织	叶绿素	种　子	花	总衍生性状
苔　藓					
松　树					
玫　瑰					
蕨　类					
共有特征					

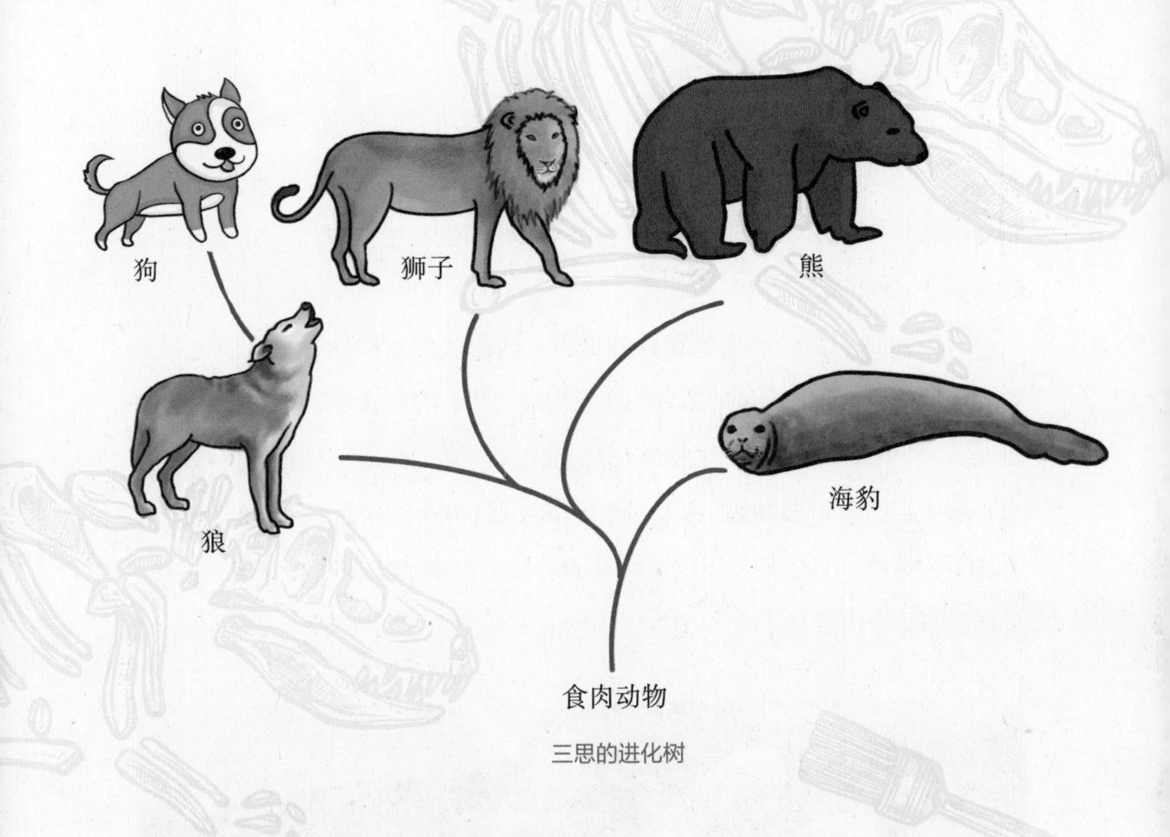

三思的进化树

化石的味道有点甜

傅 强 蒋 青 王霄鹏 / 文

大自然岁月的珍品

“化石”一词的英文 fossil 源自拉丁文 fossillis，意为挖掘，指从地下挖掘出的一切物体，后来专指远古生命石化的遗骸或遗迹等。中文“化石”二字表达的意思十分形象——（生物）变化成为石头。

历经沧海桑田，最终存留在岩石中的古生物遗体、遗物或生活痕迹，就是化石。毫无疑问，化石是大自然岁月的珍品。现代研究发现，化石中蕴含了约38亿年来地球生命及其生活环境的大量信息，对于揭示生命的起源与演化，地球系统中古地理、古气候、古环境等的变迁，具有不可替代的作用。以化石为主要研究对象的古生物学（palaeontology），则是一门介于地质学和生物学之间的交叉学科。

化石是认识生命历史最直接的证据，因此认识生命就要从认识化石开始。化石种类繁多，形成的条件也各不相同。化石的形成对环境要求很严格，但是原理却很简单：防止生物体在化石化之前腐烂即可。化石的形成方式有：①冷冻。②在琥珀中保存。③碳化作用。④完全矿化作用。⑤置换作用。⑥印模和铸模。其中最常见的是生物硬体部分形成的印模及其对应的铸模，如图中的菊石化石。

菊石化石（傅强供图）

做块方糖化石

小演在构建了自己的植物进化树以后，对生命历史的兴趣更加浓厚了。知道了化石是生命历史最直接的证据后，小演又成了一个化石迷。但化石可不像植物、昆虫、鸟等那样随处可见。那怎么办呢？别着急，接下来让我们和小演一起来用方糖模拟化石的形成过程吧！

步骤1 **取3块方糖，把它们编为①号、②号和③号。**

步骤2 **用橡皮泥或者黏土把①号方糖完全包裹起来，包裹②号方糖的一半，不处理③号方糖。**

步骤3 **将3块方糖一起放入水中，轻柔地搅拌，直到③号方糖完全溶解。**

步骤4 **取出①号方糖和②号方糖，观察并记录它们的状况。**

在这个小实验中，方糖代表了动物躯体。大部分的动物都如同③号方糖一样，腐败并分解在了海水之中，没有留下化石。而幸运的①号方糖、②号方糖由于有橡皮泥的保护，得以保存。其中②号方糖代表了大多数印模化石的保存方式，生物体溶解了，但是固化的沉积物（橡皮泥）保留了生物的外部形态。①号方糖代表的生物体则更加幸运，它在完全被包裹后，与外界隔绝，腐烂的速度被大大减缓了，而当矿化的速度超过腐烂的速度时，我们就得到了精美的实体化石。

去哪里找化石

傅　强　蒋　青　王霄鹏／文

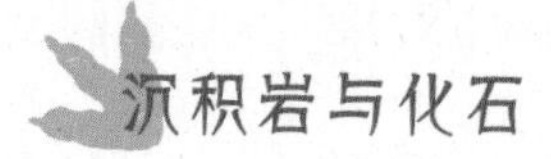

沉积岩与化石

我们人类和所有的生命，无论现在生活的，还是已经变成化石的、生活在亿万年前的生物，都生活在地球表面的薄薄的地壳上。地壳是由各种岩石构成的。从成因上讲，地球上的岩石主要分为三大类：岩浆岩、沉积岩和变质岩。岩浆岩（又称火成岩）是岩浆靠近地面或者地表冷却凝固形成的岩石；沉积岩（又称水成岩）是成层堆积的松散沉积物固结而成的岩石；变质岩是原有的岩石在地面下被加热加压发生了物理化学变化后形成的岩石，变质岩可以是岩浆岩和沉积岩经过改造形成的，也可以是变质岩。在地球地表，约有 70% 的岩石是沉积岩。由于沉积岩形成的条件相对温和，故化石往往都保存在沉积岩中。

沉积岩种类很多，其中最常见的是页岩、砂岩和石灰岩等，它们占沉积岩总数的 95%。根据成岩矿物来源的不同，沉积岩可以分为它生沉积岩和自生沉积岩，前者主要为陆源碎屑岩，包括砾岩、砂岩、粉砂岩和泥岩等，它们往往还有陆生生物和淡水生物的化石，如植物、双壳类等；后者包括碳酸盐岩、硅质岩等，往往形成于海洋环境，因此含有海生生物化石。

在野外采集化石时，正确认识沉积岩石是非常重要的。由于沉积岩的种类与环境息息相关，因此在了解沉积岩种类的基础上，结合其中含有的化石以及相关的沉积现象，就能推断当时生物生存的环境条件。

为化石找个家

自从对化石产生了兴趣，小演外出游玩时看东西的眼光都不一样了，对石头越来越感兴趣。但岩石的种类很多，要想都认识是很困难的事。好在小演感兴趣的是化石，因此沉积岩就成了小演特别关注的对象。通过一段时间的学习，小演知道了常见的沉积岩有砾岩、砂岩、粉砂岩、泥岩、页岩、石灰岩、白云岩等。但对于主要沉积岩的特点和可能含有的化石，小演还是没把握，于是他请老师帮忙整理了下面这份资料。但老师不小心把顺序搞乱了，你能帮小演把它们连起来吗？

特征	岩性	化石
由从母岩上破碎下来的、颗粒直径大于2毫米的碎屑，经过搬运、沉积、压实、胶结而形成的岩石	砾岩	半耙笔石
主要化学成分为碳酸钙，浅灰至黑色，较为致密，断口为贝壳状，遇稀盐酸会产生反应，剧烈起泡	砂岩	轮叶
由黏土物质经压实、脱水、重结晶、硬化形成的很容易分裂成为明显的岩层的岩石	粉砂岩	贵州龙化石
主要由黏土或直径小于0.063毫米的碎屑颗粒组成的块状岩石	泥岩	腕足动物化石
粒径为0.01~0.1毫米的碎屑颗粒含量占50%以上的细粒碎屑岩	石灰岩	恐龙蛋
由各种碎屑颗粒胶结而成的结构稳定的岩石，颗粒直径在0.1~2毫米，碎屑颗粒含量大于50%	页岩	

按图索骥

傅　强　蒋　青　王霄鹏 / 文

野外考察前的准备

在对化石和沉积岩有了基本的了解之后，我们就可以出去寻找化石了。当然，在出发之前我们需要做很多准备，俗话说“工欲善其事必先利其器”，

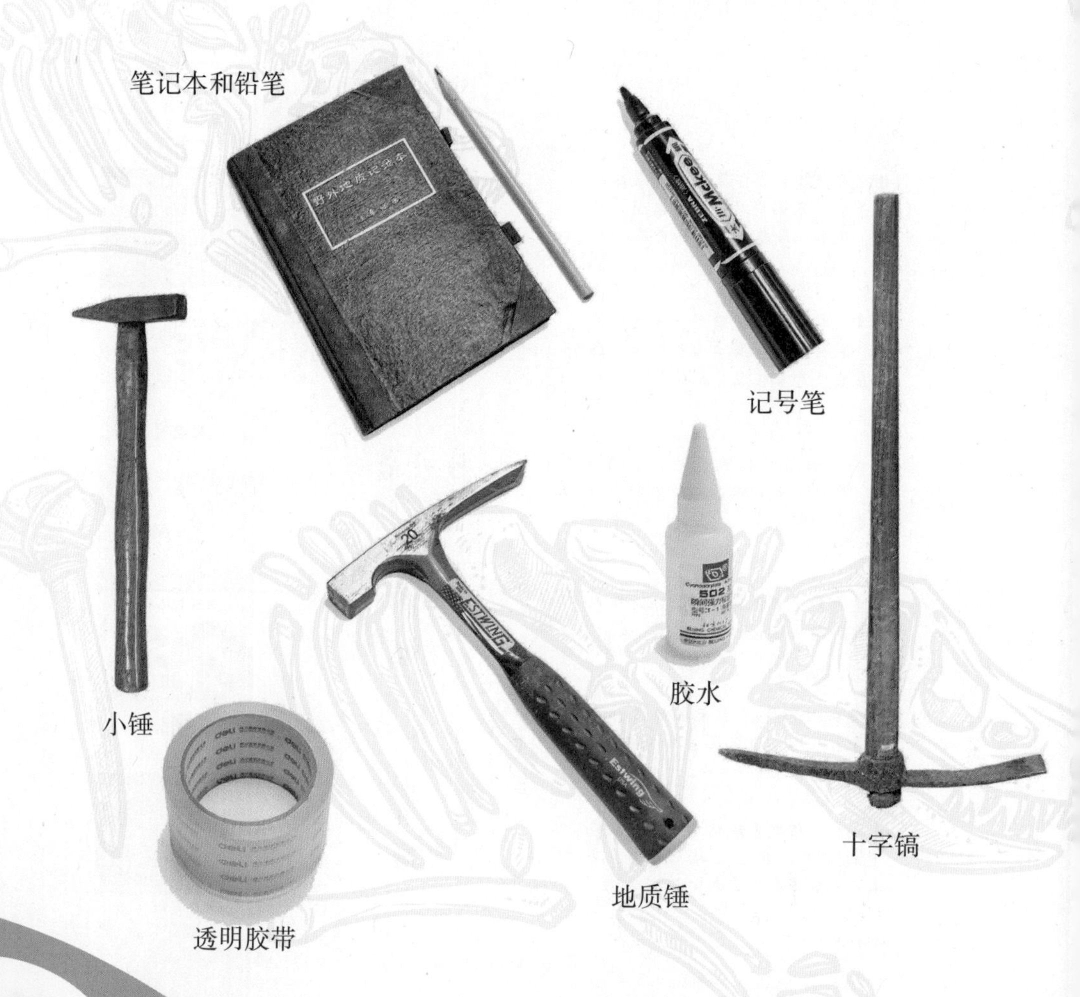

采集化石的工具和装备（傅强供图）

干什么要有干什么的工具，采集化石也是需要一套工具和装备的。如地质锤、凿子、背包、废报纸、放大镜、铅笔、笔记本、记号笔、透明胶带等。

仅有工具还不够。在动身前，要明确目标，到哪里去，要采集什么样的化石。目标自然来自前人的工作，根据以往的资料，我们能够了解哪个地区有什么时代的地层，产生什么样的化石。然后，查阅地质图等资料，了解目的地的地层分布，对比卫星地图，看哪些地方有丰富的目标地层，哪些地方有好的露头（岩石出露的地方），如果目标地层所在地有采石场或正在修路，那就是天赐良机了。

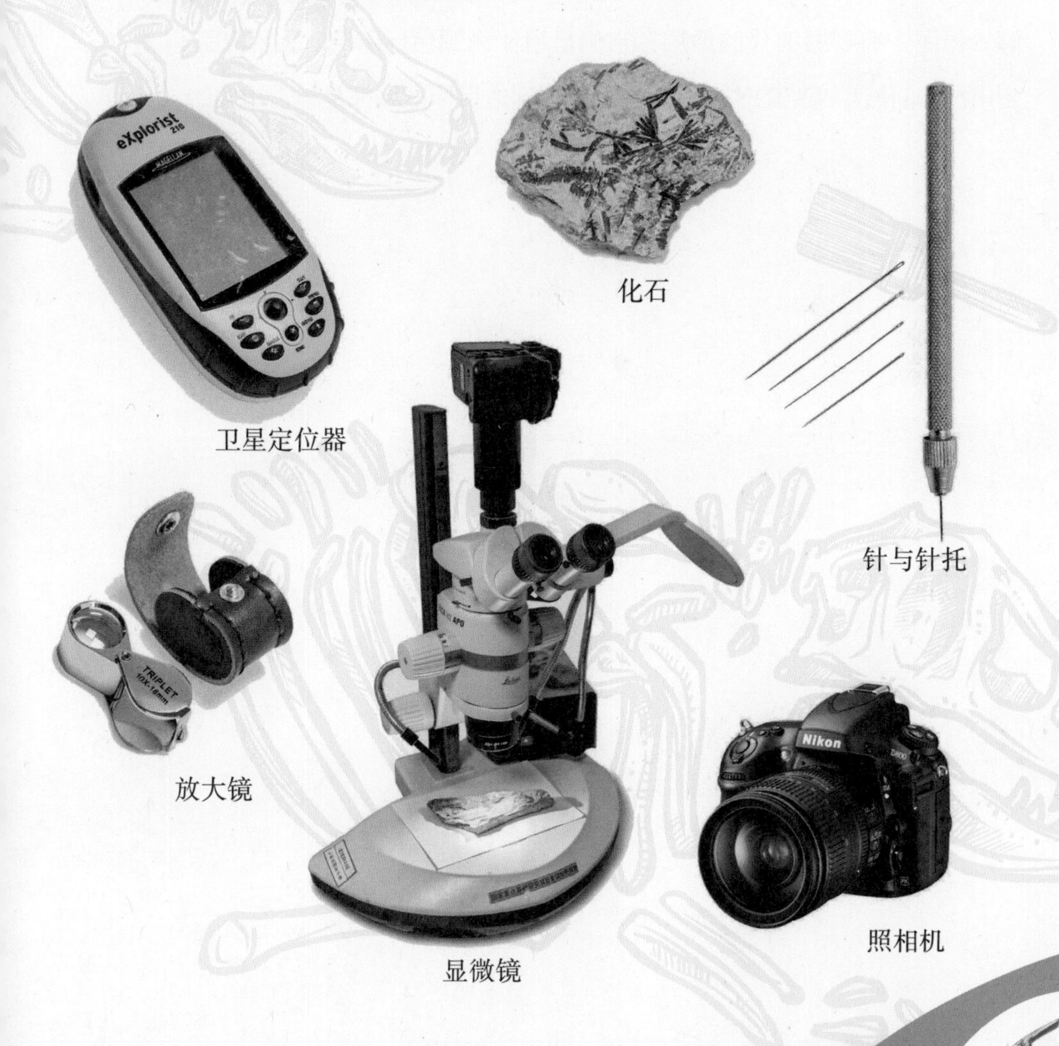

化石

卫星定位器

针与针托

放大镜

显微镜

照相机

地质图指将沉积岩层、火成岩体、地质构造等的形成时代和相关的各种地质体、地质现象，用一定图例表示在某种比例尺地形图上的一种图件。地质图上具有各种信息，是野外地质考察、寻找化石最重要的参考资料。但要想读懂地质图并非易事，需要一定的学习和训练。现在，我们就从最简单的入手，学习如何在地质图上找出想要采集的目标化石的区域。

地质图上有很多符号，例如代表岩石种类的岩石符号等。阅读地质图的时候，要先看图名和比例尺，了解图的位置和精度。然后阅读图例，了解本幅图中有哪些时代的地层，它们是用什么颜色标示的。当然还可以看到市镇、河流和道路的情况，这些对能否到达目标区域都是非常重要的。

符号	岩石
◬	金刚石
●	黄铜矿
∴	石英
⊙	石榴石
⬯	水晶

岩石符号

恐龙你在哪儿

小演最近对化石的兴趣越来越浓了，买了各种书来读，还经常去自然历史博物馆参观。上周著名古生物学家来博物馆做了一场“与恐龙同行”的科普报告，讲了自己寻找、采集和研究恐龙化石的经历，并且还说在城东郊李家庄附近就发现过霸王龙的化石。这让小演心潮澎湃，很想自己也能拿起地质锤到野外大干一场。

回家之后，小演准备好了野外用的工具，并让爸爸托地质调查部门的朋友找了一张李家庄地区的地质简图。可拿到地质图以后，小演竟然看得一头雾水。你能帮小演找出他应该到哪个区域寻找吗？

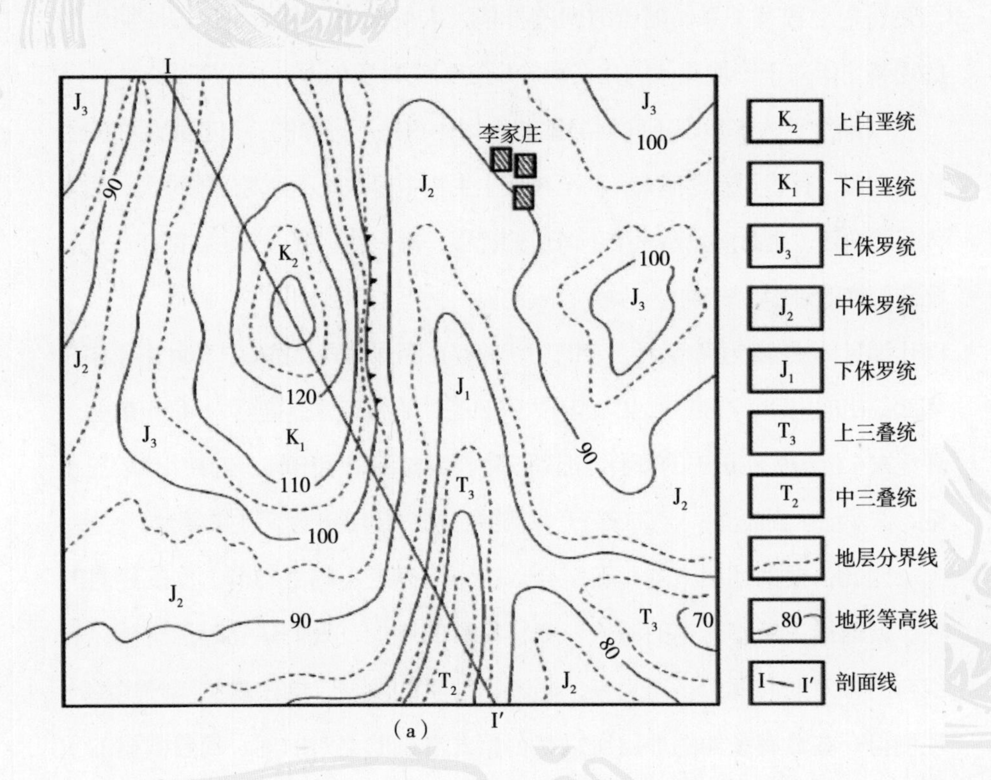

（a）

如何判断化石的“年龄”

傅　强　蒋　青　王霄鹏／文

从相对时代到绝对时代

怎么才能知道一个化石的年代呢？对于化石年代的确定是一个知识不断积累的过程，几乎伴随着整个古生物学的发展历史。从相对时代到绝对时代，走过了漫长的岁月。

最初，人们见到的化石都是零星的，甚至不知道它们是怎样形成的，它们是否与生物有关系。随着时间的推移，人们知道了化石是远古时期生物的遗骸。但对于一块具体的化石距离现在到底有多久远，并没有概念。

渐渐地，人们发现不同地层里的生物化石是不一样的，有些跟现在的生物很相似，有些则差异很大，甚至在现生生物中根本找不到对应的种类。后来人们明白了，生命演化是一个不可逆的过程，每一种、每一类生物都存在从起源到灭绝的过程，一种或一类生物灭绝后，就再也不会出现了。因此，每一个时代都有其独特的生物组合，老的和新的存在明显差异。例如，三叶虫家族在寒武纪初期出现，在寒武纪中后期达到鼎盛，随后衰退，直至 2.5 亿年前的二叠纪末永远消失在历史的舞台。而菊石则在泥盆纪早期出现，在中生代的三叠纪、侏罗纪达到鼎盛，到 6600 万年前的白垩纪末也退出了历史的舞台。

因此，根据地层中的化石组合，就可以确定不同生物群之间的相对时代。就这样，随着研究的深入、资料积累的增加，人们建立起了全球化石组合的相对时间框架。再后来，随着物理学的发展，同位素测年技术的出现使得一些具有条件的地层可以获得相对准确的绝对时间，随着数据的积累，整个地球和生命历史的演化时间框架就建立起来了。

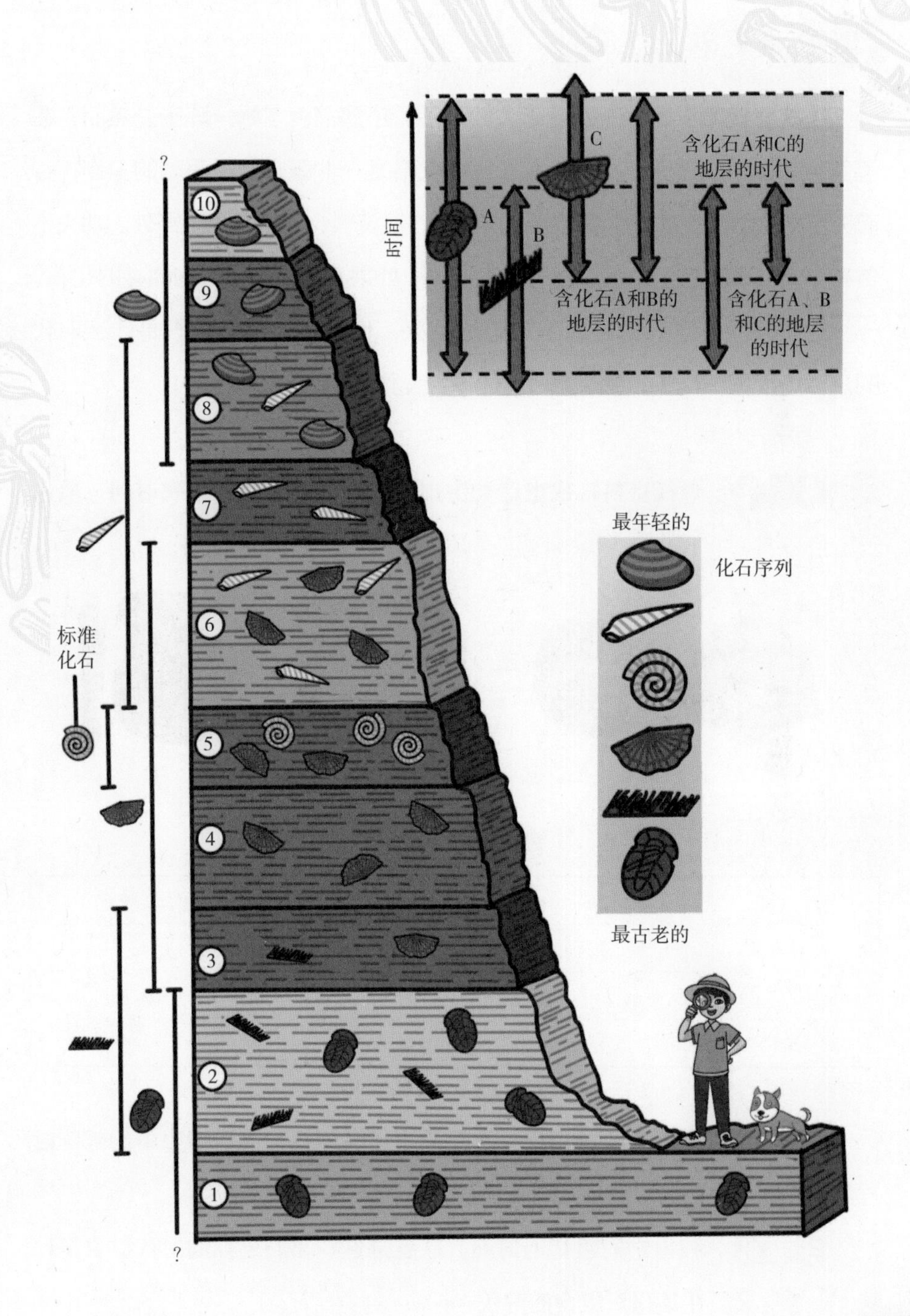
时间
C
A
B
含化石A和C的地层的时代
含化石A和B的地层的时代
含化石A、B和C的地层的时代
最年轻的
化石序列
最古老的
标准化石
?
10
9
8
7
6
5
4
3
2
1
?

比比谁更老

上次寻找霸王龙化石的行动失败以后，小演消沉了好一阵子。然而，在爸爸的开导和鼓励下，小演明白了寻找化石是一件既辛苦又艰难的工作，劳而无获是常态。于是，小演继续跑博物馆，看资料，利用周末跑野外。功夫不负有心人，小演终于在南郊赵各庄附近的一处采石场采到了一些漂亮的化石。

化石是找到了，但是却不知道是什么，也不知道这些化石是什么时代的。你能根据下面的步骤，帮助小演把问题解决吗？

步骤1 查找资料，找出这类生物出现的最早时间和最晚时间，填入下表。

生物类别及出现时间

序　号	类　别	出现的最早时间	出现的最晚时间
1			
2			
3			

步骤2 根据表中的信息，将图片中该类化石在地质历史中的延续时间绘在地质年代表中。

步骤3 找出它们重合的时间，这就是这些化石生存的时代，也是产生该化石组合的时代。

地质年代表

代	世	年龄值（百万年）	种类		
			1	2	3
新生代	古近纪	66			
中生代	白垩纪	145			
	侏罗纪	201			
	三叠纪	252			
古生代	二叠纪	299			
	石炭纪	359			
	泥盆纪	419			
	志留纪	444			
	奥陶纪	485			
	寒武纪	541			

自然选择的威力

傅　强　蒋　青　王霄鹏 / 文

进化论中的答案

无论是化石记载的生命历史，还是我们正在目睹的琳琅满目的物种，它们是如何演化的？背后的机制是什么？这都可以在现代进化论中找到答案。

自然选择是现代进化理论的核心，指在不断变化着的环境条件下，由于所有生物都存在个体差异，生物在生存繁衍过程中，具有有利变异的个体能生存下来并繁殖后代，具有不利变异的个体则逐渐被淘汰的过程。自然选择由于有充分的科学事实做依据，所以能经受住时间的考验，百余年来在学术界产生了深远的影响。

自然选择在生物个体层面上起作用。生物个体具有生或死、繁殖或无法繁殖等特征。当更多具有特定特征的人存活下来时，总种群将随着时间而变化——它将由越来越多具有成功特征的个体组成。种群这种随着时间的推移发生的变化就是演化。

让我们假设有一年发生了大旱，食物短缺。有一群鸟，鸟群中鸟喙较大、较结实的，是唯一可以吃通常难以裂开的种子的。因此，那些喙大的鸟比喙小的鸟能获得更多的食物，它们的生存时间更长。由于它们生存的时间更长，它们也可以产下更多的卵，生更多的孩子。这些孩子从其父母那里继承了大喙的特征，因此，下一代鸟群将由更多的喙大的鸟组成。如果这种干旱持续了很多年，那么随着时间的流逝，这种鸟最终可能会由较多喙大的鸟和很少的喙小的鸟组成。因此，我们可以说这群鸟已经随着时间而进化。

20 世纪 50 年代，牛津大学的科学家伯纳德·凯特威尔（Bernard Kettlewell）研究了英格兰白桦尺蛾（peppered moth）种群的变化，发现由于工业的发展，煤炭燃烧导致了树木沾满了烟灰，在 100 多年的时间里，栖居在当地树皮上的白桦尺蛾种群从最初的浅色蛾转变为深色蛾。凯特威尔认为，由于浅色蛾在被污染的、颜色较深的树皮上更容易被发现，故掠食性鸟类以更多的浅色飞蛾为食。这意味着深色蛾可以存活更多，而深色蛾基因则传给了后代。

模拟自然选择

为了体会自然选择的核心思想，小演和同学做了一个模拟实验。你也和同学们一起尝试一下吧。

首先用不同颜色的纸剪出大小、形状相同的蝴蝶或蛾子，它们代表了一种蝴蝶或蛾子内不同颜色的变异。在实验开始时，保持每种颜色的蝴蝶或蛾子的数量相等。假定不同的颜色是遗传的结果。

步骤1 **两人一组，每组以不同的彩布（或彩纸，约0.5米×0.5米）作为“环境”。指定一人作为“蝴蝶或蛾子猎手”，不应允许蝴蝶或蛾子猎手看到步骤 2 中发生的事情，以使其“捕食”保持公正。另一人设置蝴蝶或蛾子环境。**

步骤2 **环境设置人数出每种颜色的 4 只蝴蝶或蛾子，作为环境的起始种群，即第 1 代。将其记录在数据表中，并将这些蝴蝶或蛾子随机散布在彩布（或彩纸）环境上。由于有 5 种颜色，因此环境中共将有 20 只蝴蝶或蛾子。这是环境可以支持的最大蝴蝶或蛾子数量，也就是环境的承载能力。**

步骤 3 现在，猎手应该尽快地拾取 10 只蝴蝶或蛾子，一次拾取 1 只。需要强调的是，每次拾取后，猎手都应将视线从背景移开（先将眼睛移开，在下次拾取时，再望向环境及猎物）。以确保拾取第一眼看到的蝴蝶或蛾子！毕竟，时间是宝贵的。请记住，你正在狩猎！不允许浪费时间或精力去挑选。收起被"吃掉"的蝴蝶或蛾子，它们已经被从种群中移走，无法繁殖。

步骤 4 从彩布（或彩纸）"环境"上收回尚存的蝴蝶或蛾子，确保没有遗漏。必须有 10 只存活的蝴蝶或蛾子。

步骤 5 每只存活的蝴蝶或蛾子都会进行繁殖。根据每只幸存下来的蝴蝶或蛾子的颜色，从你的储备中拿出一只相同颜色的添加进来，代表你的蝴蝶或蛾子已经繁殖了。因此，现在你将再次拥有 20 只蝴蝶或蛾子。这是第 2 代。计算蝴蝶或蛾子的数量，并仅在蝴蝶或蛾子猎手的数据表中记录第 2 代中每种颜色的数量。

请注意，现在每种颜色的数量可能已经不同了，自然选择已在种群个体中起作用了！

步骤 6 在接下来的所有回合中（第 2 代至第 6 代），蝴蝶或蛾子猎手仍然是同一个人。团队的另一个成员再次在环境中随机散布新一代 20 只蝴蝶或蛾子，然后重复上述步骤。直到完成所有世代。仅将数据记录在蝴蝶或蛾子猎手的数据表中。

步骤 7 团队成员应切换角色并完成新的蝴蝶或蛾子猎手的数据表。这样，就是使用其他猎手在相同环境下复制了实验。

数据采集

选择好了“环境”布（纸）后，请先写下你的预测，哪种颜色的蝴蝶在这种环境下可能生存得更好？____________________

原始数据记录表

	进入该世代的蝴蝶或蛾子的数量					
颜色变种	1	2	3	4	5	6（最终）
红						
黄						
蓝						
绿						
白						
总计	20	20	20	20	20	20

每种蝴蝶或蛾子颜色的百分比

	进入该世代的颜色变种的百分比					
颜色变种	1	2	3	4	5	6（最终）
红						
黄						
蓝						
绿						
白						
总计	100	100	100	100	100	100

使用条形图 / 直方图绘制计算出的百分比。从第 1 代到第 6 代不同颜色蝴蝶或蛾子数量的变化，显示了在选择压力下生物种群的变化。随着时间的推移，遗传上也会发生相应的变化，最终致使不同种群间产生生殖上的隔离，新物种随之产生。

参考文献

[1]达尔文.物种起源[M].苗德岁，译.南京：译林出版社，2016.

[2]丹尼特.直觉泵和其他思考工具[M].冯文婧，傅金岳，徐韬，译.杭州：浙江教育出版社，2018.

[3]苗德岁.天演论(少儿彩绘版)[M].南宁：接力出版社，2016.

[4]穆克吉.基因传：众生之源[M].马向涛，译.北京：中信出版集团，2018.

[5]齐默.演化的故事：40亿年生命之旅[M].唐嘉慧，译.上海：上海人民出版社，2018.

[6]威尔逊.人类存在的意义：社会进化的源动力[M].钱静，魏薇，译.杭州：浙江人民出版社，2018.

[7]戎嘉余，袁训来，詹仁斌，等.生物演化与环境[M].合肥：中国科学技术大学出版社，2018：117-143.

[8]威尔逊.生命的未来[M].杨玉龄，译.北京：中信出版集团，2016.

[9]戎嘉余，方宗杰.生物大灭绝与复苏：来自华南古生代和三叠纪的证

据 [M]. 合肥：中国科学技术大学出版社，2004.

[10] 沈树忠，朱茂炎，王向东，等 . 新元古代 – 寒武纪与二叠 – 三叠纪转折时期生物和地质事件及其环境背景之比较 [J]. 中国科学：地球科学，2010，40 (9)：1228–1240.

[11] MAYR E. The growth of biological thought：Diversity, evolution，and inheritance [M].Cambridge，Mass. and London：Belknap Press of Harvard University Press，1982.

[12] MAYR E. What evolution is [M]. New York：Basic Books，2002.

[13] RUDWICK M J S. Earth's deep history：How it was discovered and why it matters [M]. Chicago and London：The University of Chicago Press，2014.

[14] DARWIN F. The life and letters of Charles Darwin：Including an autobiographical chapter [M]. London：John Murray，Albemarle Street，1887.

[15] OPARIN A I. Genesis and evolutionary development of life [M]. New York：Academic Press，1968.

[16] FOX S W. How did life begin [J]. The sciences，1980，20 (1)：18–21.

[17] SCHOPF J W. Microfossils of the Early Archean Apex Chert：New evidence of the antiquity of life [J]. Science，1993，260：640–646.

[18] BROWN T. The book of butterflies，sphinges and moths [M]. London：Whittaker & Co.；And Waugh & Innes，Edinburgh，1834.

[19] GUNTHER A. Report on the deep-sea fishes collected by H.M.S. Challenger during the years 1873–1876 [R]. London：[s.n.]，1887.

[20] TOLLEFSON J. Humans are driving one million species to extinction [J/OL]. Nature, 2019, 569: 171 [2019-05-06]. https://www.nature.com/articles/d41586-019-01448-4?utm_source=Nature+Briefing&utm_campaign=ef727151d6-briefing-dy-20190507&utm_medium=email&utm_term=0_c9dfd39373-ef727151d6-42580351.

[21] SUBRAMANIAN M. Anthropocene now: influential panel votes to recognize Earth's new epoch [EB/OL]. (2019-05-21) [2019-06-05].https://www.nature.com/articles/d41586-019-01641-5.

[22] KASTING J F. When methane made climate [J]. Scientific American, 2004, 7: 78-85.

[23] SOLOMON E P, LINDA R B, MARTIN D W. Biology [M]. 7th ed. New York: Thomson Learning, 2005: 377.

[24] RICKARDS R B, DURMAN P N. Evolution of the earliest graptolites and other hemichordates [M]//BASSETT M G, DEISLER V K. Studies in Palaeozoic Palaeontology. Wales: National Museum of Wales, 2006: 5-92.

[25] SEPKOSKI J J JR. A factor analytic description of the Phanerozoic marine fossil record [J]. Paleobiology, 1981, 7 (1): 36-53.

图书在版编目（CIP）数据

演化的力量 / 戎嘉余，周忠和主编 . —北京：科学普及出版社，2021.11

（科普中国书系 . 前沿科技）

ISBN 978-7-110-10151-3

Ⅰ. ①演… Ⅱ. ①戎… ②周… Ⅲ. ①生命起源—普及读物 Ⅳ. ① Q10-49

中国版本图书馆 CIP 数据核字（2020）第 176850 号

策划编辑	郑洪炜　牛　奕
责任编辑	郑洪炜
封面设计	长天印艺
正文设计	中文天地
责任校对	邓雪梅
责任印制	马宇晨

出　　版	科学普及出版社
发　　行	中国科学技术出版社有限公司发行部
地　　址	北京市海淀区中关村南大街 16 号
邮　　编	100081
发行电话	010-62173865
传　　真	010-62173081
网　　址	http://www.cspbooks.com.cn

开　　本	710mm × 1000mm　1/16
字　　数	135 千字
印　　张	10.25
印　　数	1—5000 册
版　　次	2021 年 11 月第 1 版
印　　次	2021 年 11 月第 1 次印刷
印　　刷	北京盛通印刷股份有限公司
书　　号	ISBN 978-7-110-10151-3 / Q · 256
定　　价	58.00 元
